Réussir son projet de construction

Hugues Marchat

Réussir son projet de construction

EYROLLES

Éditions Eyrolles
61 Bd Saint-Germain
75240 Paris Cedex 05
www.editions-eyrolles.com

Remerciements

Dans la maison de mes parents en Bretagne, il manquait un morceau de carrelage dans les toilettes. Ce petit « jour » de 5 cm sur 5 au milieu du mur beige, je l'ai toujours connu ! C'est l'artisan, qui a posé le carrelage et à qui il a manqué le dernier carreau, qui devait repasser la semaine d'après pour finir… On ne l'a jamais revu ! Vous pensez bien… un déplacement pour poser un carreau…

Traumatisme de jeunesse ? sûrement pas !

Défi à tous ceux qui ne finissent jamais à fond et correctement leur travail ? assurément !

J'ai eu envie de faire ce livre pour aider tous ceux qui engagent une grande partie de leurs ressources dans leur maison et qui « subissent » bien souvent des prestataires indélicats…

Je tenais à remercier tous ceux qui sont intervenus sur mon projet de maison à Île grande. Il est conforme à mes espérances et la vie y est douce… même si j'avais hâte, au bout d'une année de stress, d'emménager et d'aller à la pêche !

Mes remerciements vont tout particulièrement à Marie-Claude Koquely qui a été mon chef de chantier. Pilote exemplaire, de rigueur, de ténacité, de savoir-faire avec les artisans « hommes de terrain », mais aussi de gentillesse et de dévouement. C'est bien grâce à elle que ce projet a été aussi bien mené.

Je tiens également à remercier Catherine pour sa patience, pour m'avoir supporté pendant toute la durée de ce projet qui a mobilisé une grande partie de mon temps libre et de mon énergie.

Merci à Laurence qui a su à travers la préface de ce livre démontrer que cet acte de construction était loin d'être anodin dans la vie d'un être humain...

Merci à Fabienne qui depuis cinq ans m'aide à analyser, comprendre et bâtir aussi bien sur le plan personnel que professionnel.

Ce livre est dédié à ma mère qui m'a donné le goût du naturel, de la vie et de la terre bretonne.

Hugues Marchat

Préface

Tout enfant a rêvé de construire sa cabane, parfois même s'est lancé vivement dans cette excitante aventure ! Choisir avec envie le plus bel arbre, le plus bel angle de vue du salon – oser s'approprier un espace parfois interdit, ou idéalement de sa chambre – quoi de plus rassurant que son territoire ? Avec fierté, conserver jalousement cet endroit bien à lui, où rien ne semble pouvoir l'atteindre et où il lui est alors possible d'imaginer, avec quiétude, ses explorations futures…

L'imaginaire de l'enfant, puis de l'adolescent, nourrit celui de l'adulte. De la cabane à la maison, peu de pas : ceux nécessaires aux apprentissages, aux expériences, à l'indépendance, une richesse sur laquelle nous nous appuyons, adulte, pour mettre en œuvre nos envies devenues projets.

Avant d'aborder la phase constructive de sa maison, il est nécessaire et même, dans certains cas, essentiel, de comprendre ce qui nous pousse à nous lancer dans cette aventure. Cette prise de conscience participe déjà à la construction en tant que telle et permet de mesurer son engagement.

Outre les facteurs inhérents au budget et au délai, se lancer, s'investir enveloppent le domaine affectif par l'implication de soi et de ses proches dans toute la dimension du projet. Réfléchir activement en amont de l'acte de construction et apporter clairement une réponse à ces questions permet d'éviter, parfois, bien des écueils : qu'est-ce que je recherche, pourquoi, quelles sont mes motivations profondes, pour quels résultats précis, pour qui, pourquoi construire et non pas acheter, comment, suis-je accompagné(e), soutenu(e), suis-je prêt(e), jusqu'où je me sens capable d'aller, dans quelles conditions, qu'est-ce que je ne veux surtout pas, etc.

Cette étape nous confirme nos aspirations ou nous oriente vers un choix différent. Surseoir n'est pas abandonner...

Penser la construction de sa maison est l'étape qui pose les choses, qui liste les indicateurs de réussite et qui doit, dans l'idéal, identifier les indicateurs d'échec, même partiels. Ces indicateurs dépendent directement de nos choix, de nos objectifs et de la consistance des réponses aux nombreuses questions qui nous envahissent...

« Construire sa maison » peu de mots pour une action d'une telle importance ! La signification diffère d'un individu à un autre et est propre à chacun. Elle nous correspond, liée à notre expérience.

« Construire » comme « matérialiser » : un rêve, un désir, un acte pensé rendu accessible ?

« Construire » comme « se sécuriser » : être capable de se garantir son lieu de vie, satisfaire l'un de ses besoins vitaux, se protéger, se rassurer en choisissant et non en « subissant ».

« Construire » comme « s'accomplir » : prouver sa capacité à se mobiliser, à mettre en œuvre et mener à bien un tel projet (fortement lié au besoin de reconnaissance).

« Construire » comme « s'enraciner » : conforter son besoin d'appartenance, s'engager sur du long terme, choisir son environnement.

« Construire » comme « s'identifier » : façonner sa maison, la modeler à ses envies, à ses nécessités : notre maison nous ressemble...

Sénèque [1] a dit *il n'y a pas de vent favorable pour celui qui ne connaît pas son port*. S'aider d'outils réflexifs, optimiser sa planification, organiser, recadrer ses objectifs, identifier les manques, repérer et corriger les erreurs, etc. Pour ce faire, s'enrichir de méthodes de conduite de projet pour la construction de sa maison apparaît comme indispensable pour une navigation sans faille... Bon vent !

Laurence Julien
Consultante en ressources humaines

---

1. Sénèque : philosophe latin – 4 avant J.-C. et 65 après J.-C.

Avant-propos

Cet ouvrage se veut un guide pratique pour tous ceux qui désirent construire leur résidence principale ou secondaire. Il est le fruit d'une expérience personnelle qui a vu l'aboutissement d'un tel projet de construction. Au vu de cette expérience, l'objectif de ce livre est de vous éviter un certain nombre d'écueils auxquels sont souvent confrontés les particuliers, de vous donner les clés qui vous permettront de rester dans le budget et les délais prévus, et enfin de vous aider à piloter votre constructeur ou vos artisans, tout en conservant une position de client/utilisateur.

Vous trouverez dans cet ouvrage :

- La présentation des différentes étapes méthodologiques qui vous permettront de préparer et de suivre votre projet.

- Des fiches pratiques complètes et détaillées reprenant chacune des étapes de la méthode et suivant pas à pas le déroulement de votre projet.

- L'ensemble des documents utilisés dans la méthode et qui vous permettront de préparer, communiquer et suivre l'avancement de vos travaux.

- Une check-list de questions à se poser qui vous permettront de minimiser les risques.

En effet, le principe de notre méthode est une approche par le risque. L'objectif est de diminuer ces risques et, pour y arriver, la méthode décortique à chaque étape l'ensemble de ceux que vous encourrez et s'emploie à mettre en place des mesures préventives qui permettent, sinon de les supprimer, du moins de les diminuer sensiblement.

La méthode que nous vous proposons s'articule autour de 10 grandes étapes qui suivent chronologiquement le déroulement de votre projet de construction.

1. Définir le besoin général

2. Calculer le budget total

3. Chercher le terrain

4. Financer et acheter le terrain

5. Définir le besoin en habitation

6. Choisir un constructeur-entrepreneur

7. Financer l'habitation

8. Définir les règles avec le constructeur

9. Suivre les travaux

10. Suivre les finitions

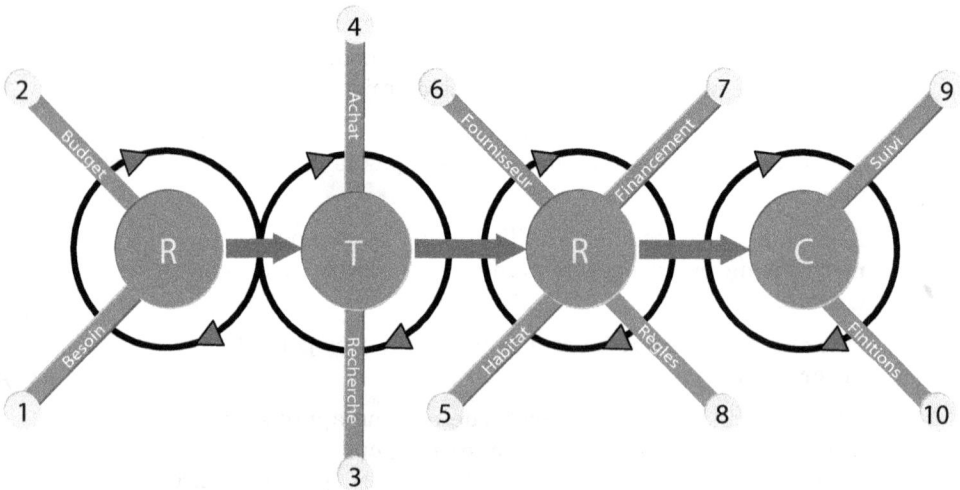

La gestion des risques à chacune de ces étapes est comme la colonne vertébrale de cette méthode. Elle est en outre balisée par deux garde-fous permanents qui sont :

➢ **Les plannings** : pour la mise en perspective de votre budget aussi bien que pour le suivi des travaux, la méthode vous aide à élaborer et à respecter (et à faire respecter) des plannings cohérents. Ils sont les garants d'une bonne gestion de votre projet.

➢ **La prise en compte des contraintes particulières liées à votre mode de vie.** La maison que vous construisez doit être adaptée à la vie que vous menez, à votre travail, à votre situation familiale. C'est pourquoi la méthode que nous vous proposons vous conduira toujours à raisonner en termes de fonctions à remplir (le but à atteindre) et non pas en termes de solutions à trouver. Dit autrement, il est plus judicieux de partir du problème pour trouver les solutions envisageables, que de se focaliser dès le départ sur ce que l'on pense être la seule solution possible.

Comme nous l'avons déjà dit, ce livre est le résultat d'une expérience personnelle. Aujourd'hui, la maison que nous avons construite existe et la méthode que nous vous proposons est le fruit de cette expérience. Elle nous a permis de mener à bien notre projet, et nous espérons qu'à votre tour, vous saurez en tirer utilement parti.

Sommaire

Une méthode simple et efficace

Mise en œuvre de la méthode

XIII

Check-list des questions essentielles

Une méthode simple et efficace

Ce chapitre permet une approche structurée progressive et simple du projet de construction. Il demande un certain investissement, dans la mesure où il est nécessaire de faire une lecture approfondie de chaque fiche. La méthode s'appuie sur un certain nombre de documents qui serviront de « mémoire » à votre projet. Ces documents serviront également à « sceller » des accords avec le constructeur : ce ne sont pas des documents juridiques mais ils peuvent venir en appui lors d'un conflit et notamment lorsqu'ils sont signés. Ils peuvent venir compléter le contrat de construction.

Présentation de la méthode

La méthode reprend les phases importantes de votre projet, à savoir une **réflexion** sur ce que vous souhaitez et vos objectifs, la recherche et l'acquisition d'un **terrain**, la conception détaillée de votre maison après une **réflexion** sur l'usage que vous allez en faire et bien sûr la réalisation concrète à travers la **construction**.

La méthode réflexion-terrain-réflexion-construction (RT-RC) est composée de quatre grandes phases :

➤ 1. **Réflexion** sur le projet en général

➤ 2. Financement et achat du **terrain**

> 3. **Réflexion** sur la construction
> 4. **Construction** de l'habitation

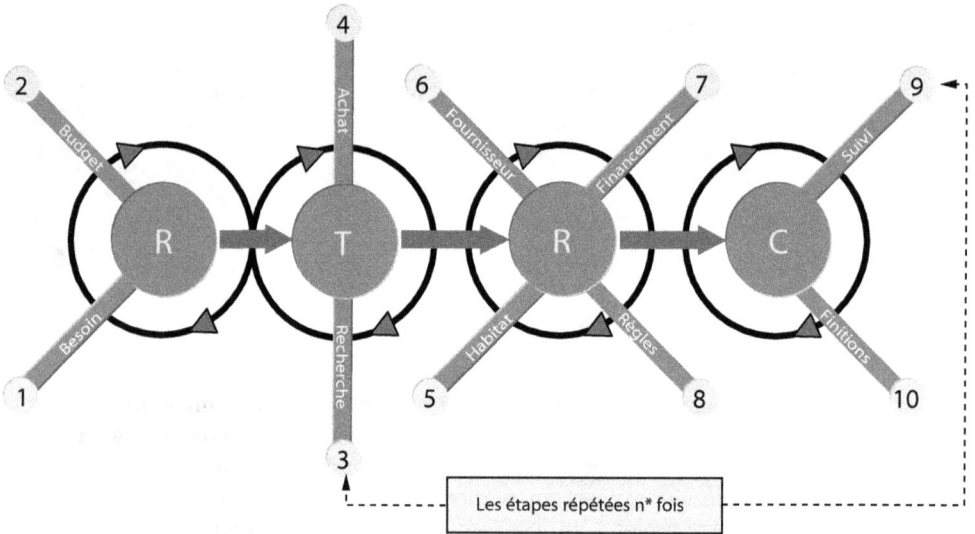

Les étapes répétées n* fois

Ces quatre phases sont elles-mêmes décomposées en dix étapes qui correspondent à la vie du projet :

> 1. Définir le besoin général
> 2. Calculer le budget total
> 3. Chercher le terrain
> 4. Financer et acheter le terrain
> 5. Définir le besoin en habitation
> 6. Choisir un constructeur-entrepreneur
> 7. Financer l'habitation
> 8. Définir les règles avec le constructeur
> 9. Suivre les travaux
> 10. Suivre les finitions

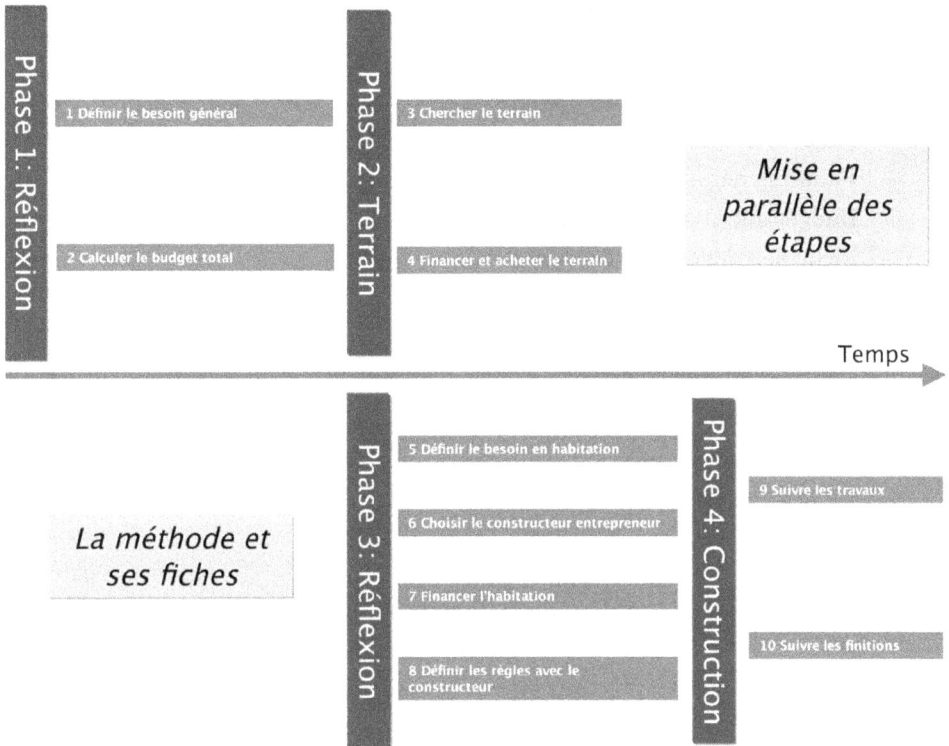

Phase 1: Réflexion

1 Définir le besoin général

2 Calculer le budget total

Phase 2: Terrain

3 Chercher le terrain

4 Financer et acheter le terrain

Mise en parallèle des étapes

Temps

La méthode et ses fiches

Phase 3: Réflexion

5 Définir le besoin en habitation

6 Choisir le constructeur entrepreneur

7 Financer l'habitation

8 Définir les règles avec le constructeur

Phase 4: Construction

9 Suivre les travaux

10 Suivre les finitions

La méthode contient en outre vingt documents qui permettent d'illustrer et de suivre la mise en œuvre des conseils donnés à chacune des étapes :

– Note de cadrage général du projet

– Liste des fonctions à remplir

– Tableau fonctions/moyens

– Planning général du projet

– Budget général du projet

– Matrice de choix du terrain

– Budget détaillé terrain

- Plan général de la maison
- Cahier des charges de la maison
- Carnet des notes et expériences
- Matrice de choix du constructeur
- Planning détaillé de la maison
- Budget détaillé de la maison
- Fiche des règles et procédures
- Fiche de suivi du chantier
- Fiche de suivi des actions personnelles
- Courrier au constructeur
- Compte rendu de réunion
- Suivi du reste à faire
- Bilan du projet

Le tableau de la page suivante permet de visualiser la façon dont les documents entrent dans la composition des différentes étapes.

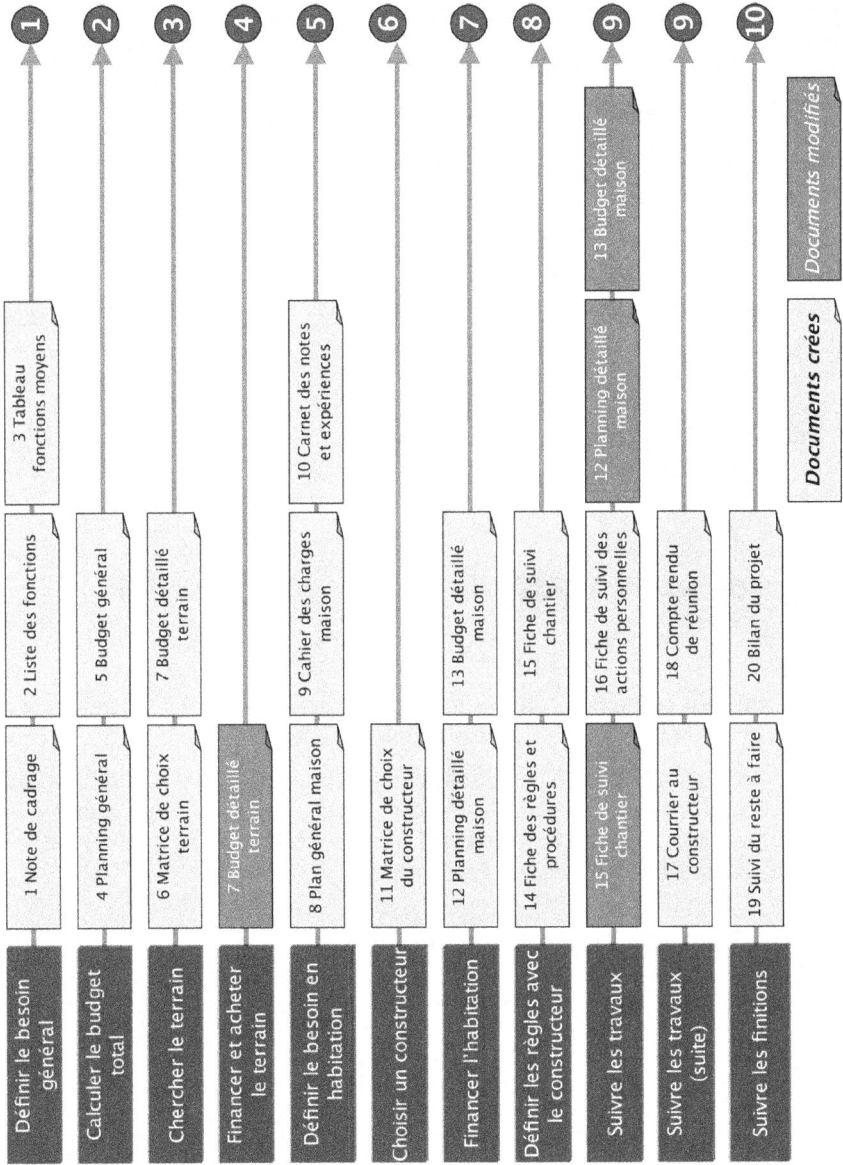

①				3 Tableau fonctions moyens	2 Liste des fonctions	1 Note de cadrage	Définir le besoin général
②					5 Budget général	4 Planning général	Calculer le budget total
③					7 Budget détaillé terrain	6 Matrice de choix terrain	Chercher le terrain
④						7 Budget détaillé terrain	Financer et acheter le terrain
⑤				10 Carnet des notes et expériences	9 Cahier des charges maison	8 Plan général maison	Définir le besoin en habitation
⑥						11 Matrice de choix du constructeur	Choisir un constructeur
⑦					13 Budget détaillé maison	12 Planning détaillé maison	Financer l'habitation
⑧					15 Fiche de suivi chantier	14 Fiche des règles et procédures	Définir les règles avec le constructeur
⑨		13 Budget détaillé maison	12 Planning détaillé maison		16 Fiche de suivi des actions personnelles	15 Fiche de suivi chantier	Suivre les travaux
⑨					18 Compte rendu de réunion	17 Courrier au constructeur	Suivre les travaux (suite)
⑩					20 Bilan du projet	19 Suivi du reste à faire	Suivre les finitions

Documents modifiés

Documents créés

5

Rappelons-le, ces documents sont la mémoire de votre projet. Ils vous permettent d'avoir, en toutes circonstances, une référence écrite de ce qui a été fait. En cas de conflit ils vous serviront d'appui pour négocier de la façon la plus objective possible : il est toujours plus facile de négocier avec l'appui des écrits, cela évite les conflits, les sous-entendus ou les engagements oraux qui n'ont finalement pas grande valeur : « Tout ce qui n'est pas écrit n'existe pas ».

Comme vous pouvez le constater, certains documents sont utilisables à plusieurs étapes du projet.

Renseigner ces documents peut vous paraître rébarbatif, mais c'est une des garanties de la réussite de votre projet. Par ailleurs, mettre vos idées par écrit et les ordonner à travers les fiches qui vous sont proposées vous permettra de prendre du recul par rapport à votre projet et d'aller plus loin dans votre réflexion. Cette étape est donc primordiale, car elle pose les bases de ce qui sera votre chantier et votre future collaboration avec le constructeur que vous aurez choisi.

Présentation détaillée des documents

La commande du commanditaire

Ce document est le point de départ de votre projet. Il vous permettra de formuler au mieux vos ambitions et vos envies.

C'est un document indispensable, car la suite du projet découle de sa rédaction. Il vous permettra de prendre le recul nécessaire pour formaliser le projet et vous servira de point de départ pour en discuter avec les membres de votre famille par exemple.

La liste des fonctions

La liste des fonctions va vous permettre de rentrer dans le détail de ce que vous souhaitez construire tout en restant dans un raisonnement « fonctionnel » et en essayant de faire abstraction des solutions techniques.

Elle vous permettra aussi de hiérarchiser vos envies, ce qui vous servira plus tard de base pour effectuer des arbitrages si le budget total se révélait trop élevé.

Le tableau des fonctions et des moyens

Ce tableau vous permettra de transformer progressivement les fonctions que vous souhaitez donner à chaque pièce de votre maison en solutions techniques. Par exemple : je souhaite que deux enfants puissent se laver en même temps. Cela peut être résolu par plusieurs solutions techniques : avoir deux pommes de douche dans un grand bac, avoir une douche et une baignoire, avoir deux bacs à douche…

Évidemment il ne s'agit pas de vous transformer en plombier ou en électricien mais seulement d'imaginer votre projet de manière plus concrète.

Le planning général

Le planning général est une première approche de la planification chronologique de votre projet. Il vous permettra de visualiser les principales dates et échéances.

D'autre part, il vous indiquera de façon approximative la date de fin de votre projet.

Le budget général

Déclinée à partir du planning général, cette approche financière vous servira à valider les estimations que vous aurez effectuées par grands postes, par exemple le chiffrage du poste concernant tous les luminaires de la maison.

Toutes ces données générales comportent bien sûr des approximations. L'idéal est de faire deux scénarios : l'un optimiste et l'autre pessimiste.

La matrice de choix du terrain

Ce document vous permettra de comparer plusieurs possibilités, car la matrice introduit dans le choix des notions plus objectives que le simple coup de cœur.

Cette matrice vous permettra de hiérarchiser les éléments devant être pris en compte dans l'élaboration du choix de votre terrain.

Le budget détaillé du terrain

À partir du budget global, un certain nombre de postes vont être détaillés et chiffrés afin que vous puissiez vous rendre compte de la totalité des coûts liés à votre acquisition.

Ce calcul vous permettra de décider du meilleur mode de financement nécessaire à l'acquisition du terrain. Ce budget sera ensuite reventilé dans le budget global afin de vérifier la cohérence de l'ensemble.

Le plan général maison

Bien entendu, il ne s'agit pas des plans définitifs. Une première approche des surfaces vous donnera cependant une idée de ce que vous souhaitez.

C'est avec cette ébauche de plan que vous pourrez dialoguer avec les constructeurs afin qu'ils vous proposent des esquisses, puis des plans définitifs. À partir de vos esquisses, vous avez également la possibilité de faire réaliser vos plans par un architecte. Vous aurez alors tous les éléments en main pour aller voir les constructeurs.

Le cahier des charges maison

Ce document vous permettra de détailler pièce par pièce l'ensemble des fonctions et des contraintes. Il s'agit en quelque sorte d'une fiche descriptive détaillée de toutes les pièces de la maison.

Remarquez que nous ne partons pas des propositions des constructeurs mais uniquement de vos besoins.

Le carnet des notes et expériences

Ce document devrait presque être en tête de notre liste. En effet, à partir du moment où vous décidez de vous lancer dans un projet de construction, vous devriez constamment avoir sur vous un petit carnet dans lequel vous pourriez noter tous les points de vigilance, toutes les expériences et tous les conseils que vont vous donner ceux qui ont vécu une telle expérience. Cependant, ce document ne pourra être vraiment utile que lorsque la réflexion préalable sera amorcée par la mise en œuvre de la méthode.

Ce document procède d'une logique de capitalisation et d'analyse des risques.

La matrice de choix constructeur

Ce document va vous permettre, grâce à un tableau comparatif et en fonction d'un certain nombre de critères, de comparer les offres des différents constructeurs.

Vous allez donc être en mesure de choisir, de la façon la plus objective possible, le constructeur avec lequel vous allez collaborer pour votre projet. C'est évidemment un choix essentiel qui nécessite beaucoup de recul d'analyse.

Le planning détaillé maison

C'est une déclinaison détaillée du planning général. Ce travail doit faire l'objet d'une collaboration étroite avec le constructeur. C'est d'ailleurs lui qui fournira les principaux jalons.

Seule une planification détaillée permet un pilotage sérieux du projet ainsi qu'une bonne anticipation.

Le budget détaillé maison

À partir du planning détaillé, chaque tâche va faire l'objet d'une budgétisation. À ce stade, il est possible que vous n'ayez encore qu'une approche très générale de certaines tâches réalisées par le constructeur.

Ce budget est la consolidation du budget précédemment réalisé pour la construction elle-même auquel se sont déjà ajoutés les frais complémentaires.

La fiche des règles et procédures

Ce document permettra de définir par écrit les règles de fonctionnement entre le constructeur et vous. Il sera également l'occasion pour vous de réfléchir à votre propre organisation pendant la durée de la construction.

Il ne sera pas nécessairement évident de faire accepter au constructeur ces règles de fonctionnement surtout si elles empiètent sur son territoire.

La fiche de suivi chantier

Dans ce document vous consignerez l'ensemble des décisions ou des actions nécessaires à l'avancement du chantier.

Cette fiche peut éventuellement faire office de compte rendu. Du fait de son caractère synthétique, elle est à réserver pour des décisions ou des actions relativement simples. Par exemple, suite à une visite avec le constructeur, « il faudra renforcer la cloison de la troisième chambre, à faire pour le 01/06/05 par artisan plaquiste... ».

La fiche de suivi des actions personnelles

Il s'agit d'une sorte d'agenda personnel dans lequel vous noterez uniquement les actions que vous devez mener à titre personnel. Ce document n'est pas destiné à être communiqué. Par exemple, passer au show room du constructeur pour choisir la couleur du carrelage avant le 15/05/2005.

Votre organisation personnelle est aussi importante que celle du constructeur. C'est donc un document essentiel.

Le courrier au constructeur

Ce document est une matrice de courrier qui vous servira lors de vos échanges officiels avec le constructeur. En cas de conflit, ou de désaccord sur un point particulier, il est parfois nécessaire d'envoyer un courrier en recommandé avec accusé de réception.

Toutefois, l'utilisation de cette matrice doit rester exceptionnelle afin que l'action soit suffisamment efficace.

Le compte rendu de réunion

Ce document sert à consigner les décisions prises lors des réunions de chantiers convoquées à certains moments particuliers de la construction. C'est le cas par exemple des points d'étapes comme les mises « hors d'eau » et « hors d'air » qui correspondent dans le contrat de construction à des versements financiers.

Ces comptes rendus doivent être synthétiques et opérationnels. Il est possible d'y joindre des annexes qui détailleront des points particuliers.

Le suivi des finitions

Le planning doit être accompagné d'une liste d'éléments qui ont été demandés au constructeur. Cette liste a un but opérationnel. Elle est essentielle en phase de finitions, lorsqu'il reste une foule de petits détails à vérifier.

Ce document permet de surveiller l'avancement des finitions que le constructeur rechigne généralement à réaliser, dans la mesure où elles lui coûtent cher en temps.

Le bilan du projet

Peut-être ne reconstruirez-vous pas une seconde maison… Il est néanmoins nécessaire de consigner dans un document les aspects positifs et négatifs de votre expérience afin, par exemple, d'en faire profiter vos proches ou plus tard, vos enfants.

Après un projet aussi long il peut être profitable de réfléchir pour prendre du recul.

1. Définir le besoin général

Qui agit ?	
Vous	
Qui l'utilise ?	
La famille	

Documents créés à cette étape	Documents déjà créés et modifiés
1 Note de cadrage 2 Liste des fonctions 3 Tableau fonctions moyens	Aucun
Ce qu'il faut faire	
Cadrer le projet Définir le mode de fonctionnement Faire un tour d'horizon Faire la liste des fonctions essentielles Faire la liste des solutions envisagées	

Attention !
N'allez pas trop vite dans le choix de solutions techniques, raisonnez en termes de fonctions à remplir. Vous vous rendrez compte qu'il existe un éventail important d'options envisageables. À ce stade tout est possible !

Définir le besoin général

Objectifs de la fiche

➤ Définir et préparer votre projet.

➤ Effectuer un tri parmi les différentes options qui s'offrent à vous.

La note de cadrage de votre projet est essentielle, car la traduction par l'écrit permet une réelle réflexion.

Détail des actions à entreprendre

1. Cadrer votre projet en détaillant par écrit vos objectifs

Exemples

– Cette maison sera une résidence secondaire que nous comptons habiter par la suite lors de la retraite, il faudra alors prévoir de l'agrandir.

– Cette habitation doit être avant tout pratique et fonctionnelle, nous ne resterons que quelques années ici, il faut qu'elle soit facilement vendable lorsque nous partirons.

Conseils !
Formulez votre projet avec des phrases simples.
Décrivez en quelques mots vos principaux objectifs : maison, dates, budget…
Écrivez toutes vos idées et présentez cette liste aux membres de votre famille.

2. Définir le mode de fonctionnement

Faites la liste de vos principaux modes de fonctionnement.

Exemples

– J'adore cuisiner, j'aimerais avoir de la place pour le faire.

– Les enfants passent leur temps dehors, le jardin est essentiel.

– Pour nous la sécurité est primordiale, aussi bien au niveau de la maison que du quartier.

Conseils !

Dressez la liste des choses qui vous semblent importantes par rapport à votre mode de vie, vos envies et vos habitudes.

Classez cette liste par ordre de priorité.

Dans un premier temps, faites abstraction des coûts.

3. Faire un tour d'horizon

Prenez le temps de discuter avec vos amis et vos proches qui possèdent déjà une maison. Inutile, à ce stade, de rentrer dans des considérations trop techniques. Restez sur les aspects généraux et fonctionnels.

Conseils !

Faites la liste des maisons de vos parents et amis.

Discutez individuellement avec eux de leurs habitations.

Achetez-vous un petit carnet pour noter toutes vos réflexions.

Prenez des notes à l'issue de chaque rencontre.

Faites la liste des avantages et des inconvénients de chacune des maisons de votre entourage.

4. Faire la liste des fonctions essentielles

Il est essentiel de dresser la liste des dix fonctions importantes que doit remplir votre maison.

Exemples

– La maison doit être proche des commerces, on doit pouvoir y aller à pied.

– Nous voulons pouvoir dormir les fenêtres ouvertes, il faut que cela soit très calme la nuit.

– La maison doit pouvoir accueillir dix personnes confortablement pendant les quinze jours de vacances d'été.

N'oubliez pas de faire des « arbitrages familiaux », afin de mesurer réellement les envies de chacun, et d'avoir les bonnes discussions avant le démarrage effectif du projet.

Conseils !

Faites une liste exhaustive des différentes fonctions.

Hiérarchisez ces fonctions de la plus importante à la moins importante.

Au besoin, demandez à chacun des membres de la famille de faire son propre classement.

N'oubliez pas que vous devez raisonner en termes de fonctions à remplir et non pas en termes de solutions à trouver.

Ne vous mettez aucun frein à ce stade.

5. Faire la liste des solutions envisagées

En partant des fonctions que vous avez listées, vous allez maintenant chercher des solutions. Inutile de rentrer dans le détail. Explorez toutes les pistes en restant le plus créatif possible.

Exemples

– La maison doit être de plain-pied afin que chacun puisse sortir sans passer par les pièces communes ou celles des autres.

– Nous allons privilégier les dépenses pour l'intérieur en acceptant de négliger les aspects extérieurs qui seront traités ultérieurement.

– Toutes les chambres doivent faire un minimum de 15 m^2, car c'est l'endroit ou actuellement les enfants passent le plus de temps.

À ce stade, évitez de visiter des constructeurs, ou de rencontrer des commerciaux. Vous risquez de vous polariser sur certaines solutions alors que l'éventail est très large.

Conseils !

Les solutions peuvent être très générales ou au contraire très détaillées.

Ne rentrez pas dans des aspects techniques, c'est trop tôt.

À chaque fonction doit correspondre un panel de solutions.

Les cinq points à retenir

1. Mettre ses idées par écrit aide à les formuler et permet de réfléchir plus efficacement.

2. Ne confondez pas « fonction à remplir » et « solution ».

3. Commencez par écrire avant d'échanger avec le reste de la famille. Ce sera plus facile et plus productif.

4. À ce stade, ne vous mettez pas de contraintes (budget…), car certaines solutions auxquelles vous n'avez pas pensé ne sont pas nécessairement coûteuses.

5. Prenez le temps de discuter avec votre entourage. Ne leur demandez pas ce qu'ils pensent de votre projet, mais demandez-leur quel est leur projet !

2. Calculer le budget total

| Qui agit ? |
| Vous |

| Qui l'utilise ? |
| Vous |

Documents créés à cette étape	Documents déjà créés et modifiés
4 Planning général 5 Budget général	Aucun

Ce qu'il faut faire
Établir un premier planning Fixer les jalons et les échéances Lister les postes budgétaires Mettre en adéquation le budget et le planning Bâtir des scénarios

Attention !

Ne vous contentez pas d'un scénario optimiste, aussi bien pour le planning que pour le budget. Considérez toujours que le pire peut arriver : vous serez ainsi dans une logique anticipative qui réduira les risques.

Calculer le budget total

Objectifs de la fiche

➤ Faire une première planification « macro » du projet.

➤ Établir un premier budget prévisionnel.

L'ensemble permettra de juger du caractère réaliste de votre projet.

Détail des actions à entreprendre

1. Construire un premier planning

Le planning doit reposer sur une liste de tâches à accomplir :

– Réflexion et définition du besoin

– Recherche du terrain

– Achat du terrain

– Recherche du constructeur

– Définition précise de la construction

– Construction

– Finitions constructeur

– Finitions personnelles

Certaines tâches peuvent être parallélisées et sont bien sûr dépendantes des solutions choisies.

Conseils !

Faites attention aux délais administratifs : notaire, permis de construire…
Prévoyez toujours des délais larges.
Mettez le planning en rapport avec vos échéances personnelles, par exemple la résiliation de votre bail.
N'hésitez pas à détailler votre planning en tâches élémentaires.

2. Fixer les jalons et les échéances

Il s'agit de fixer les grandes lignes en matière de délais.

Exemple

Il est raisonnable de compter environ deux ans pour dérouler tout le processus si on ne passe pas par un prestataire de service qui vous fournit le terrain, la maison et le financement. En cas de recours à un tel prestataire, le délai peut être raccourci à un an minimum.

Conseils !

Ne soyez pas trop pressé, il vaut mieux réfléchir avant d'agir et avoir des échéances réalistes.

Ne vous mettez pas dans des situations limites ou qui ne vous laissent aucune solution de repli en cas de problème.

Fixez-vous des échéances personnelles en plus des échéances obligatoires ou administratives, afin de jalonner votre projet.

3. Lister les postes budgétaires

Il s'agit d'être le plus exhaustif possible, même si certains postes en restent au stade de l'estimation. N'hésitez pas à tout passer en revue, jusqu'à l'achat des couverts s'il s'agit de construire une résidence secondaire !

Conseils !

Faites une liste avec plusieurs personnes s'il le faut pour ne rien oublier.

Pensez aux postes liés aux intérêts bancaires (intérêts intercalaires par exemple ou prêts de trésorerie à court terme).

Listez aussi les coûts liés aux différents prestataires institutionnels (frais de notaire, agences, EDF, France Télécom…).

Regroupez les coûts par grands postes afin de préparer d'éventuels arbitrages.

4. Mettre en adéquation le budget et le planning

La gestion de votre trésorerie est primordiale afin d'éviter les situations difficiles.

Exemple

Si vous ne pouvez pas payer une échéance, cela va bloquer l'avancement des travaux et entraîner à terme des coûts supplémentaires.

Dans votre planning, faites figurer en face de chaque mois les entrées et les sorties d'argent.

Conseils !

Construisez un planning de votre projet avec les principales échéances.

Listez toutes les entrées d'argent (ne soyez pas trop optimiste) et faites-les correspondre avec les différentes échéances.

Listez toutes les sorties d'argent et intégrez-les dans le planning.

Effectuez des arbitrages éventuels entre les postes de dépense.

Prévoyez à ce niveau une marge d'erreur pouvant aller jusqu'à 30 %.

5. Bâtir des scénarios

À partir des entrées et des sorties financières, construisez trois scénarios possibles :

– Le premier doit être minimaliste, les dépenses sont limitées au maximum.

– Le deuxième scénario doit être modéré en ce qui concerne les dépenses.

– Le troisième inclut de façon exhaustive l'ensemble des postes de dépenses prévus.

Conseils !

N'hésitez pas, au stade de la réflexion, à bâtir un scénario catastrophe, susceptible de remettre en cause votre projet.

Faites une liste avec votre conjoint de tout ce qui pourrait arriver pendant votre projet, cela vous aidera à construire les scénarios (n'oubliez pas les évènements positifs…).

N'oubliez pas que vos revenus peuvent varier dans le temps, ne faites pas d'hypothèses trop optimistes.

Attention aux banques, car elles prendront toutes les garanties pour couvrir les risques. Cela va vous coûter de l'argent (coûts des cautions, des assurances, des frais de dossier…).

Les cinq points à retenir

1. Inscrivez votre projet dans le temps en réalisant un premier planning, même s'il vous manque des éléments.

2. Notez dans votre premier planning les échéances incontournables et faites-les ressortir en rouge.

3. Faites une liste, la plus exhaustive possible, de toutes les dépenses nécessaires à la réalisation de votre projet.

4. Construisez un plan de trésorerie en faisant correspondre les dépenses et les recettes prévues dans le planning.

5. N'hésitez pas à remettre en cause en profondeur votre projet si vous voyez que les scénarios ne sont pas réalistes.

3. Chercher le terrain

Qui agit ?

Vous

Qui l'utilise ?

La famille

Documents créés à cette étape	Documents déjà créés et modifiés
6 Matrice de choix terrain　　7 Budget détaillé terrain	Aucun

Ce qu'il faut faire
Établir une liste de critères Choisir des lieux Chercher le terrain Dresser la liste des servitudes et des contraintes Établir un budget détaillé

Attention !

L'emplacement est primordial : il déterminera le voisinage, les contraintes, mais aussi l'ambiance. Un terrain bien placé valorisera considérablement l'ensemble de votre projet. Il ne faut pas se tromper, car il n'y a pas de retour en arrière possible !

Chercher le terrain

Objectifs de la fiche

➤ Vous permettre de trouver un terrain correspondant à vos besoins et à vos attentes, avec le plus d'objectivité possible.

➤ Réaliser un budget détaillé qui vous servira lors du financement.

Détail des actions à entreprendre

1. Faire une liste de critères

Raisonnez à partir de votre mode de vie et de ce que vous souhaitez faire de votre terrain.

Exemples
- Je souhaite pouvoir laver ma voiture chez moi.
- J'aimerais avoir un petit potager.
- Je ne veux pas avoir de vis-à-vis.
- J'ai horreur du jardinage.

Conseils !
Dessinez sans contrainte le terrain idéal avec l'implantation de votre maison dessus.
Dessinez également l'implantation des annexes : garage, abri de jardin, abri pour le bois de chauffage…
Faites la liste des usages que vous souhaitez faire de votre terrain.
Idéalisez et décrivez le terrain de vos rêves.

2. Choisir des lieux

Le lieu est déterminé par les fonctions que vous venez d'énumérer. Si vous souhaitez dormir les fenêtres ouvertes, vous allez privilégier un coin tranquille. Le lieu peut être également lié à une ville ou un village où vous vous sentez bien.

Conseils !
Dressez une liste de lieux possibles.
Indiquez pour chaque lieu les avantages et les inconvénients.
Demandez l'avis des habitants du lieu.
Élargissez votre spectre et ne vous focalisez pas sur un seul endroit.
Promenez-vous dans les différents lieux à plusieurs moments de la journée.

3. Chercher le terrain

Multipliez les moyens de recherche :

– agences,

– petites annonces de journaux locaux,

– notaires,

– le bouche à oreille si vous connaissez des personnes sur les différents lieux.

Vous pouvez également, en vous promenant, regarder les pancartes de ventes. Visez dans un premier temps l'aspect quantitatif, ne rejetez aucune solution.

Conseils !
Faites une fiche pour chaque terrain en respectant les mêmes rubriques pour pouvoir comparer (ex. : surface, prix, exposition, situation…)
Prenez des notes immédiatement après chaque visite afin de n'oublier aucun détail.
Renseignez la matrice multicritère qui va vous permettre d'arbitrer entre les différents terrains.
Mettez des notes objectives pour chaque critère quitte à faire une moyenne si vous n'êtes pas d'accord avec votre conjoint.

4. Faire la liste des servitudes et des contraintes

Un prix en dessous du marché peut cacher des contraintes importantes. De même, certains terrains peuvent comporter des servitudes (droits de passage, stockage des poubelles du voisin...).

Certaines servitudes peuvent être levées au moment de la vente. Moyennant finance ou échanges vous pouvez améliorer la situation, mais il faut que ces accords soient contractualisés.

Conseils !

Consultez tous les documents officiels liés au terrain : actes de vente, documents en mairie.

Discutez avec les voisins directs et validez leurs informations.

Consultez attentivement le plan d'occupation des sols en mairie afin de connaître les règles et les droits en matière de construction sur les sites que vous avez sélectionnés.

Ne sous-estimez pas les servitudes et envisagez le pire (par exemple : disputes avec les voisins qui semblent pour l'instant charmants...).

5. Faire un budget détaillé

Faites la liste de tous les postes qui vont impacter votre budget pour l'achat du terrain. Soyez exhaustif quitte à reporter ensuite certaines dépenses qui peuvent l'être.

Question essentielle

Que faut-il faire sur ce terrain pour qu'il devienne apte à recevoir une construction ?

Conseils !

Faites la liste des coûts liés à l'achat : achat, frais de notaire, déplacements pour aller signer...

Faites la liste des coûts liés à la viabilisation du terrain : arrivée d'eau, électricité, téléphone...

Faites la liste des coûts liés à la mise en forme du terrain : clôtures, planification, enlèvement d'ordures ou de pierres, accessibilité au terrain par des camions, assèchement, empierrement…

Faites la liste des coûts liés à la finition du terrain : plantations, création d'allées… (il peut être intéressant de planter très tôt une haie afin de s'isoler des voisins en s'assurant qu'elle ne gênera pas l'accès des différents engins de construction).

Construisez le budget et ordonnancez les dépenses dans le temps.

Les cinq points à retenir

1. Faites la liste exhaustive des fonctions que va remplir votre terrain.

2. Soyez exigeants sur la localisation du terrain, car la valeur de votre maison sera conditionnée par sa situation géographique.

3. Multipliez les voies de recherche, ne vous contentez pas d'une agence ou d'un promoteur.

4. Vérifiez toutes les contraintes liées à chaque terrain, passez du temps à les lister de manière exhaustive. Après la signature, il sera trop tard.

5. N'oubliez aucun poste pour mettre le terrain « prêt à construire ». Certains peuvent impacter le coût global de façon considérable.

4. Financer
et acheter le terrain

Qui agit ?

Vous

Qui l'utilise ?

Vous

Documents créés à cette étape	Documents déjà créés et modifiés
Aucun	7 Budget détaillé terrain

Ce qu'il faut faire
Bâtir des scénarios de financement
Chercher le financement
Vérifier les informations sur le terrain
Signer chez le notaire
Préparer la suite du projet

Attention !
Si vous vous trompez sur la manière de financer votre terrain vous risquez de remettre en question la suite de votre projet de construction. Réfléchissez avant de signer !

Financer
et acheter le terrain

Objectifs de la fiche

➤ Choisir le mode de financement du terrain.

➤ Inscrire ce financement dans la globalité de votre projet.

Détail des actions à entreprendre

1. Bâtir des scénarios de financement

Explorer toutes les voies de financement possible :

– participation de parents (prêt, avance sur héritage…),

– apport personnel,

– emprunt bancaire.

Attention !
Vos parents ne vérifieront pas nécessairement votre capacité d'endettement comme le ferait un banquier. Ne vous endettez pas trop auprès d'eux.

Conseils !
Faites la liste de vos apports possibles.
Faites la liste des apports possibles par vos parents.
Calculez le solde à financer.
Faites des simulations de remboursements dans le temps.

2. Chercher le financement

Quelques remarques par rapport aux banques :

– Faites jouer la concurrence.

– N'hésitez pas à utiliser les sites Internet de comparaison de prêts.

L'impact global d'une variation de taux de 0,5 % sur une longue durée est important.

Conseils !
Demandez des offres de prêt à plusieurs établissements.
Demandez le montant des mensualités toutes assurances comprises.
Vérifiez les prestations des assurances, lisez les contrats.
Comparez en utilisant le même mode de calcul (le plus simple est de comparer la mensualité réellement payée sur une même durée).

3. Vérifier les informations sur le terrain

Avant de signer chez le notaire, vérifiez scrupuleusement toutes les informations. Le notaire lui-même n'est pas à l'abri d'une erreur :

– Soyez particulièrement attentif à la notion de terrain constructible.

– Allez à la mairie consulter le plan d'occupation des sols et faites-vous expliquer toutes les notions.

– Demandez quel est le délai qu'il vous reste pour construire à partir de votre date d'achat, afin de savoir quelle est la date limite de démarrage de votre construction.

Conseils !
Consultez tous les documents officiels afférents au terrain.
Sélectionnez vous-même votre propre notaire, demandez à vos amis s'ils en connaissent un.
Demandez au notaire de vous fournir un projet bien avant le jour de la signature.
Faites-vous expliquer tous les termes techniques cités dans les documents officiels concernant le terrain.

4. Signer chez le notaire

La signature se fait en deux étapes :

— la promesse d'achat (ou de vente),

— la signature définitive.

Pour plus de sûreté, considérez que tout doit être validé au moment de la signature de la promesse d'achat. Ne négligez aucun document susceptible de vous engager, car il sera difficile, voire coûteux de revenir en arrière après avoir signé la promesse. Ne tenez pas compte des pressions que l'on peut essayer de vous mettre en vous parlant des autres acheteurs potentiellement intéressés et faites-vous aider par quelqu'un qui a déjà mené ce genre d'opération.

Conseils !

Regroupez tous les documents officiels du terrain.

Vérifiez et croisez toutes les informations que vous détenez.

Lisez attentivement et au calme le projet d'achat du notaire.

Ne faites confiance a priori à personne, surtout pas à ceux qui tirent un profit financier de la vente (agence, notaire, banquier…).

Repoussez la vente si tout ne vous semble pas clair.

5. Préparer la suite du projet

N'entreprenez rien sur votre terrain avant la signature définitive, même si l'ancien propriétaire vous y autorise. Dès que vous êtes propriétaire réfléchissez à ce qui peut être mis en œuvre avant le démarrage de la construction même si celle-ci doit intervenir plusieurs années après cette acquisition. Il peut être intéressant par exemple de planter une haie pour vous isoler des voisins dès maintenant tout en vérifiant qu'il ne faudra pas abattre les arbres pour que les engins de construction accèdent au terrain !

Conseils !
Faites la liste de tout ce qui doit être fait pour que la construction puisse commencer (arrivée d'eau, électricité, téléphone…).
Faites un dessin des arbres que vous souhaitez planter.
Calculez le budget nécessaire pour que le terrain reste en état jusqu'à la construction (frais de déplacements, frais d'entretien, impôts fonciers…).
Mettez le terrain dans la meilleure configuration possible (nettoyage, nivellement…) afin de pouvoir « imaginer » facilement votre future construction.

Les cinq points à retenir

1. Choisissez le meilleur plan de financement pour votre terrain en ne vous endettant pas trop.

2. Comparez toutes les offres de financement possibles en utilisant les mêmes critères de comparaison.

3. Validez tous les éléments techniques, légaux, juridiques avant de signer quelque document que ce soit.

4. Vérifiez les actes de vente (promesse et vente définitive) soigneusement avec votre propre notaire.

5. Organisez dans un planning la préparation de votre terrain en fonction de la date de début de construction supposée.

5. Définir le besoin en habitation

Qui agit ?
Vous
Qui l'utilise ?
Vous

Documents créés à cette étape	Documents déjà créés et modifiés
8 Plan général maison 9 Cahier des charges maison 10 Carnet des notes et expériences	Aucun

Ce qu'il faut faire
Détailler les besoins et les fonctions Capitaliser sur les expériences Dessiner les plans Faire la liste des contraintes techniques Faire des arbitrages entre les fonctions et les contraintes

Attention !
N'allez pas trop loin dans la technique. Essayez de raisonner fonctionnel et n'empiétez pas sur le travail d'expert du constructeur. Concentrez-vous sur l'usage que vous allez faire de votre maison.

Définir le besoin en habitation

Objectifs de la fiche

➤ Préparer le « cahier des charges » que vous allez remettre aux différents constructeurs.

➤ Spécifier vos besoins de manière précise afin que les constructeurs vous proposent les solutions les plus adaptées.

Détail des actions à entreprendre

1. Détailler les besoins et les fonctions

En partant de l'étape n° 1 « Définir le besoin général », vous allez décliner chaque fonction de manière détaillée. Travailler à partir d'une journée type.

> **Exemple**
> Prendre le petit-déjeuner :
> – le prendre seul
> – ou le prendre en famille.

Si vous raisonnez de cette manière vous verrez que les solutions apparaîtront d'elles-mêmes.

> **Exemple**
> – Ce serait bien d'avoir un petit comptoir/bar dans la cuisine pour prendre le petit-déjeuner seul le matin.

Conseils !

Faites la liste des grandes fonctions à remplir (déjeuner, dîner, se laver, dormir, lire…).

Déclinez ces fonctions en sous-fonctions (dormir : dormir la nuit à deux, faire la sieste, dormir pour les enfants…).

Faites une liste des solutions possibles pour chaque fonction (auvent sur une terrasse pour faire la sieste…).

2. Capitaliser sur les expériences

Toutes les visites de maisons témoin, de maisons des amis ou des relations doivent être une source d'informations pour vous. Notez sur un petit carnet les remarques et les suggestions qui vous semblent pertinentes, cela vous servira pour élaborer votre projet.

Conseils !

Toutes les sources d'informations sont intéressantes : revues, amis, experts.

Faites le tri : ne vous focalisez pas sur les conseils techniques à ce niveau.

Notez tout immédiatement sur votre petit carnet.

3. Dessiner les plans

Sans vous soucier des contraintes techniques :

– Dessinez le plan du terrain en y plaçant les orientations (nord, sud).

– Puis dessinez les plans de votre maison telle que vous l'imaginez.

– Sur le terrain, dessinez les annexes (abri de jardin, garage, atelier, véranda…) même si elles ne seront réalisées que plus tard cela vous permettra d'avoir une vue globale de l'insertion de votre projet dans votre terrain.

Conseils !

Faites un dessin en utilisant une échelle approximative (feuille à petits carreaux).

Indiquez sur le dessin la surface estimée de chaque pièce en m^2.

Indiquez sur les murs les surfaces vitrées par des petits traits.

Sur le terrain indiquez les emplacements des haies et des arbres tels qu'ils sont ou tels que vous les imaginez.

N'oubliez pas dans votre plan les emplacements des meubles principaux, cuisine équipée, pièces annexes (lingerie, chaufferie, sellier...).
Faites un dessin en utilisant une échelle approximative (feuille à petits carreaux).

4. Faire la liste des contraintes techniques

Vous pouvez imposer au constructeur des choix techniques comme :

- le choix d'un type de cloison,

- le choix d'un type de matériau,

- le choix d'une solution technique spécifique (par exemple : douche à jets horizontaux, robinetterie spéciale, vitrages sécurisés, volets roulants électriques...).

La liste peut être extrêmement longue et impliquer des surcoûts importants surtout si ce ne sont pas des prestations courantes chez le constructeur. D'autre part vous pouvez aussi aboutir à des impossibilités techniques ou des refus de mise en œuvre.

Conseils !

Faites une liste exhaustive de vos souhaits techniques.

Renseignez-vous sur leurs coûts de mise en œuvre (achat des matériaux et main-d'œuvre) auprès des fabricants de matériaux.

Ne listez pas les souhaits techniques qui ne correspondent pas à un besoin particulier. Vous n'êtes pas un spécialiste et il faut laisser aussi le constructeur vous faire des suggestions.

5. Faire des arbitrages entre les fonctions et les contraintes

Les arbitrages sont essentiellement financiers mais dans l'absolu tout est possible si vous avez les moyens.

- Classez votre liste de contraintes par priorité.

- Mettez en face de chaque contrainte le montant estimé de sa mise en œuvre.

– Faites le tri des éléments qui ne sont pas essentiels ou de ceux dont la mise en œuvre peut être différée.

Attention !
Reporter des travaux à plus tard coûte souvent plus cher que de les réaliser en même temps que la construction, car il faudra remettre en route un chantier et trouver un financement spécifique si cela engendre une somme importante.

Conseils !
Ne conservez que ce qui est essentiel pour vous, sauf si vous avez les moyens de financer le superflu.
Faites les arbitrages avec le reste de la famille ou informez-les de vos arbitrages.
Faites-vous aider par des personnes de votre entourage qui vous connaissent bien afin d'évaluer l'usage réel de chaque élément.
Pensez aux coûts de maintenance éventuels des éléments que vous allez intégrer.

Les cinq points à retenir

1. Votre maison doit être fonctionnelle. Raisonnez en termes d'usage, et définissez l'utilité que vous aurez de tel ou tel élément.

2. Reprenez vos notes et vos carnets. Souvenez-vous de ce que vous avez vu lors des salons, lectures, visites afin de reproduire ce qui marche ou d'éviter les erreurs.

3. Réalisez des plans complets qui représentent la totalité du projet lorsqu'il sera fini (maison, annexes, jardin…).

4. Imposez des choix techniques uniquement sur les éléments qui vous apportent une réelle plus-value en termes d'usage.

5. Vérifiez la cohérence de l'ensemble notamment en termes financiers. Si vous êtes amené à revendre, certaines solutions coûteuses ne seront pas valorisables, car trop marginales, originales voire inexploitables par d'autres que vous.

6. Choisir un constructeur entrepreneur

Qui agit ?
Vous

Qui l'utilise ?
Vous

Documents créés à cette étape	Documents déjà créés et modifiés
11 Matrice de choix du constructeur	Aucun

Ce qu'il faut faire
Préparer votre cahier des charges Transmettre le cahier des charges Dépouiller les offres des constructeurs Faire le choix Communiquer le choix au constructeur

Attention !
C'est un partenaire que vous allez choisir ! Ce choix conditionne plusieurs mois de « cohabitation » mais aussi plusieurs années de garanties… Il ne faut pas se tromper !

Choisir un constructeur entrepreneur

Objectif de la fiche

➤ Vous permettre de sceller un engagement avec votre constructeur/ partenaire.

Détail des actions à entreprendre

1. Préparer votre cahier des charges

Votre dossier doit être le plus clair possible. Il faut faciliter la lecture de ceux qui vont l'étudier, car ils sont peut-être surchargés de travail par ailleurs.

Conseils !
Mettez les documents au propre.
Ne vous embarrassez pas avec des logiciels de dessins sauf si vous les maîtrisez parfaitement. Laissez faire le constructeur.
Faites une page de sommaire récapitulant le contenu de votre dossier et numérotez les pages.

2. Transmettre le cahier des charges

Le mieux est de se déplacer chez les constructeurs afin d'établir un premier contact. Cela montre aussi votre motivation. Laissez en main propre votre dossier en explicitant ce que vous souhaitez (tout n'est peut-être pas aussi clair que vous le pensez dans votre dossier).

Conseils !

Ne laissez pas votre dossier à la secrétaire, prenez rendez-vous avec celui ou celle qui va travailler dessus.

Prenez le temps d'expliquer chaque élément, et assurez-vous que la personne qui vous reçoit prend des notes.

Exigez une date de réponse en accord avec votre interlocuteur (date précise, pas de période approximative…).

3. Dépouiller les offres des constructeurs

Lorsque vous aurez reçu toutes les offres, le travail de dépouillement va pouvoir commencer. Effectuez un tri en fixant des critères de comparaison identiques. C'est une vraie difficulté, car les offres et les prestations peuvent être totalement différentes. Vous pouvez très bien avoir un prestataire qui aura répondu point par point à votre cahier des charges, et un autre qui vous proposera un plan standard qui ne correspond pas du tout à ce que vous souhaitez.

Conseils !

Faites une liste des éléments de comparaison (prix du m^2, type de services offerts, proximité du constructeur, expérience du constructeur, réalisations qu'il a effectuées…).

Remplissez soigneusement votre tableau avec les éléments du constructeur.

N'hésitez pas à rappeler votre interlocuteur pour avoir des informations complémentaires.

Plusieurs propositions peuvent être nécessaires avec un même constructeur. Éliminez au fur et à mesure ceux qui ne veulent/peuvent pas accéder à vos exigences.

4. Faire le choix

Faire un choix suppose d'accepter certains compromis. Certaines concessions techniques ou fonctionnelles valent mieux que de s'engager avec quelqu'un avec qui vous ne vous entendrez pas. Les relations humaines que vous allez avoir avec les personnes qui vont réaliser votre maison sont essentielles.

Conseils !

Faites une première sélection en réduisant à trois les constructeurs en lice.

Demandez à rencontrer les « chefs de chantiers potentiels ».

Évaluez la qualité de la relation humaine avec le chef de chantier (n'hésitez pas à lui offrir un café ou un repas pour discuter avec lui/elle).

Faites appel à votre feeling en plus d'une réflexion plus pragmatique.

Au final faites un classement du « TOP 3 » des constructeurs.

5. Communiquer le choix au constructeur

Vous avez choisi, il faut donc se déplacer pour avoir un dossier définitif, notamment au niveau financier. Assurez-vous que tous les détails ont été pris en compte avant de signer quoi que ce soit. Si votre dossier est très dépendant de l'obtention d'un prêt, assurez-vous avant de signer qu'une clause vous permet de vous rétracter. Ne prenez aucun engagement sans être sûr de vous et ne versez aucune somme sans avoir tout validé.

Conseils !

Attention aux « commerciaux » qui vont vous presser de signer.

Expliquez clairement au constructeur pourquoi vous ne les avez pas choisis.

Faites un petit mot de remerciement à ceux qui vous ont répondu mais que vous n'avez pas choisis (certains auront passé plusieurs heures/jours sur votre dossier sans aucune rémunération).

Faites un courrier au constructeur choisi pour « sceller » votre décision.

Gardez « en réserve » un deuxième constructeur jusqu'au moment ou vous aurez signé définitivement avec l'un d'entre eux.

Les cinq points à retenir

1. Un dossier bien ordonné donnera une image de quelqu'un de rigoureux qui aime le travail bien fait. C'est une façon de démontrer votre détermination et vos exigences.

2. Déplacez-vous et rencontrez les constructeurs. Rien ne remplace un bon entretien.

3. Faites le tri entre les dossiers sur des critères mesurables et objectifs afin d'avoir des éléments factuels de comparaison.

4. Choisissez aussi avec votre « feeling ». C'est important de « bien sentir » les choses.

5. Validez définitivement mais avec prudence votre engagement. Attendez la réponse de votre banque si nécessaire avant de signer.

7. Financer l'habitation

Qui agit ?	
Vous	
Qui l'utilise ?	
Vous	
Votre banquier	

Documents créés à cette étape	Documents déjà créés et modifiés
12 Planning détaillé maison 13 Budget détaillé maison	Aucun

Ce qu'il faut faire
Faire un planning détaillé
Faire la liste des postes budgétaires
Faire le plan de trésorerie
Négocier le financement
Choisir le financement

Attention !
Vous allez engager des sorties financières pour de nombreuses années. Il faut envisager tous les scénarios possibles afin de ne pas vous retrouver dans une situation difficile voire impossible à gérer.

Financer l'habitation

Objectifs de la fiche

➤ Vous donner une vision de l'ensemble des dépenses nécessaires au bon fonctionnement de votre maison.

➤ Monter votre budget pour la période de construction en prévoyant l'aménagement et la maintenance.

➤ Construire le plan financier de votre projet.

Détail des actions à entreprendre

1. Faire un planning détaillé

Détaillez toutes les grandes étapes de votre projet. L'acquisition du terrain vous servira de date de départ. À partir de cette date, faites la liste de tout ce qui a déjà été fait (par exemple : l'aménagement du terrain, le dessin des plans, l'achat de certains éléments de la cuisine) et de tout ce qui reste à faire (par exemple : la construction, l'aménagement du jardin, l'emménagement…).

Conseils !

Considérez que votre projet est terminé lorsque la totalité de votre maison sera finie (même si vous envisagez la pose de la cuisine équipée deux ans plus tard). Détaillez le plus possible les étapes à réaliser afin de faciliter la préparation du budget.

Notez les jalons importants de votre projet (par exemple, le jour du déménagement).

2. Faire la liste des postes budgétaires

Faites une liste de tous les grands postes sur l'ensemble du projet. Prenez en compte l'ensemble des dépenses, y compris celles que vous envisagez de faire plus tard pour terminer votre projet.

Conseils !

Appuyez-vous sur le planning pour déterminer les grands postes.

Ne négligez aucun poste (par exemple achat de certains meubles et/ou des ustensiles de cuisine si votre construction est une résidence secondaire).

Faites faire des devis pour compléter votre budget.

3. Faire le plan de trésorerie

Essentiel si vous ne voulez pas vous retrouver avec d'importantes sorties d'argent sans rentrées complémentaires. Ce peut être le cas lorsque votre constructeur fait des appels de fonds importants et que l'argent n'est pas encore débloqué à la banque. Il vous faudra alors demander un prêt de courte durée qui peut générer des frais de dossiers et des intérêts intercalaires très importants.

Votre planning doit comprendre :

– Toutes les entrées d'argent (sans être optimiste sur les délais, notamment en ce qui concerne le déblocage de certains fonds).

– Toutes les sorties d'argent. Consulter pour cela votre contrat de construction qui vous donne un échéancier des sorties.

Conseils !

Détaillez tous les postes budgétaires et calculez le total de chaque poste.

Faites la liste de toutes les entrées d'argent prévues (liquidités existantes, prêts familiaux, dons, prêts bancaires…).

Inscrivez précisément dans le planning détaillé toutes les entrées et toutes les sorties.

Vérifiez la corrélation entre les entrées et les sorties.

Allez le plus loin possible dans le temps dans votre projet (il est possible de simuler la trésorerie avec la maison en fonctionnement, sa maintenance, les impôts rattachés, les remboursements…).

4. Négocier le financement

Tout doit être pris en compte lors de la comparaison des prêts :

- les frais de dossier,
- les remboursements,
- les intérêts,
- les assurances,
- les conditions de remboursement anticipées.

Trois excellents indicateurs sont à prendre en compte :

- « Quelle somme totale aurai-je remboursé à la fin de mon prêt ? »
- « Quelle est ma mensualité totale de remboursement ? »
- « En cas de problèmes, chômage, invalidité, décès... comment suis-je pris en charge ? »

Oubliez les TEG (taux effectif global du prêt) et autres indicateurs complexes qui ne sont pas toujours faciles à analyser !

Conseils !

Oubliez le côté institutionnel du banquier, considérez-le comme un fournisseur/partenaire.

Consultez les sites Internet de comparaison de prêts.

Vérifiez bien les conditions de sortie du prêt (frais de remboursement anticipés, qui sont plus facilement négociables à la signature du contrat qu'à sa sortie).

5. Choisir le financement

Calculez soigneusement le niveau des mensualités de remboursement que vous êtes capable de supporter. Votre plan de trésorerie doit vous indiquer vos charges globales lorsque vous aurez emménagé dans la maison. Faites un tableau comparatif entre toutes les offres des banquiers en prenant des critères identiques.

N'oubliez pas que si vous êtes dans une situation difficile votre banquier n'hésitera pas à faire vendre votre maison en dessous du prix du marché pour se rembourser de ce que vous lui devez encore.

Conseils !
Faites la liste de tous les coûts de chaque prêt : frais de dossier, frais d'hypothè-que, intérêts fixes ou variables, assurances, frais de remboursement anticipés, intérêts intercalaires…

Faites un tableau comparatif qui peut comporter des pondérations suivant les rubriques (matrice de choix multicritères).

Revenez à la négociation plusieurs fois si nécessaires.

Comparez les offres que vous avez avec celles offertes à vos amis ou relations.

Au final votre arbitrage peut aussi intégrer un critère relationnel ou de fidélité à votre banquier (bien sûr dans le but de pouvoir obtenir par la suite d'autres prêts ou avantages pour d'autres projets).

Les cinq points à retenir

1. Planifiez votre projet aussi loin que possible dans le temps.

2. Prenez en compte tous les postes budgétaires de votre maison y compris les impôts, les frais d'entretien et de maintenance…

3. Faites un plan de trésorerie détaillé, tenant compte de toutes les entrées et de toutes les sorties et inscrivez-les dans le planning.

4. Négociez avec votre banquier ou votre organisme de prêt en utilisant des critères de comparaison simples et généralisables.

5. Choisissez votre financement en imaginant des scénarios au mieux (vous avez une rentrée d'argent exceptionnelle qui vous permet de rembourser votre prêt) et au pire (vous perdez votre emploi et subissez une faillite personnelle).

8. Définir les règles avec le constructeur

Qui agit ?
Vous

Qui l'utilise ?
Vous Le constructeur

Documents créés à cette étape	Documents déjà créés et modifiés
14 Fiche des règles et procédures 15 Fiche de suivi chantier	Aucun

Ce qu'il faut faire
Préparer la réunion avec le constructeur Définir avec le constructeur les règles de fonctionnement Faire une réunion avec le chef de chantier Formaliser et communiquer les règles de fonctionnement Signer le contrat définitif

Attention !
Définir des règles revient à démontrer votre volonté de fonctionner de façon rigoureuse. Il ne s'agit pas d'organiser les futurs conflits ! Tout conflit est un échec, il est nuisible pour vous et pour le constructeur.

Définir les règles avec le constructeur

Objectifs de la fiche

➤ Définir clairement les bases de votre relation avec le constructeur.

➤ Mettre à plat et formaliser les modes de fonctionnement à respecter tout au long de la construction.

Détail des actions à entreprendre

1. Préparer la réunion avec le constructeur

Faites d'abord le point sur vos propres exigences et votre organisation.

– Souhaitez-vous être informé pas à pas de la construction ?

– Combien de fois par semaine serez-vous en mesure de vous rendre sur le chantier ?

– Quelle est votre proximité géographique et votre temps disponible ?

Conseils !
Faites la liste de vos contraintes de temps et de vos contraintes géographiques.
Définissez une périodicité à laquelle vous souhaitez faire le point.
Définissez les points qui sont importants pour vous et surtout ceux sur lesquels vous aurez la capacité technique pour analyser et agir.
Faites la liste de vos exigences sur papier afin de préparer la réunion avec le constructeur.

2. Définir avec le constructeur les règles de fonctionnement

Avant la signature, lors d'une réunion avec le constructeur faites le point avec lui sur l'organisation qu'il vous propose et faites-lui valider vos propres exigences.

Conseils !

Listez précisément les règles et les modes de suivi du chantier en définissant les responsabilités de chacun.

Faites un compte rendu de cette réunion et communiquez-le au constructeur.

Demandez au constructeur de vous présenter votre chef de chantier et prenez rendez-vous avec lui.

3. Faire une réunion avec le chef de chantier

Votre chef de chantier va devenir la personne la plus importante pour vous pendant quelques mois. C'est votre interlocuteur direct et normalement unique (sauf si certains travaux sont pilotés et payés directement par vous à des artisans). Il est très important d'établir avec lui une relation de confiance, rigoureuse et sympathique.

Conseils !

Prenez du temps pour discuter avec lui (ou elle) et échanger sur son mode de fonctionnement habituel.

Demandez-lui les coordonnées d'une personne ayant déjà travaillé avec lui et contactez-la.

Si la personne ne vous convient vraiment pas, demandez au constructeur de vous présenter quelqu'un d'autre.

Soyez ferme sur le respect des heures de rendez-vous, c'est une façon efficace de montrer votre rigueur et un moyen de vous éviter des heures d'attente et d'énervement.

Pensez que le chef de chantier est un coordinateur et donc que ses qualités humaines sont aussi importantes que ses compétences techniques.

4. Formaliser et communiquer les règles de fonctionnement

Après vous être mis d'accord avec le constructeur et le chef de chantier sur un mode de fonctionnement, formalisez ces règles de manière simple sur un document, en expliquant qui fait quoi et comment.

– Communiquez ce document pour validation aux intéressés.

– Vérifiez avec eux qu'ils approuvent le mode de fonctionnement.

Le constructeur essaiera de vous dire qu'il y a des règles dans la profession et qu'il faut s'y plier. Rien ne vous empêche, en plus des règles légales d'imposer vos propres règles et de les ajouter. Nous sommes dans un rapport client-fournisseur !

Conseils !
Les règles doivent être simples à comprendre et simples à mettre en œuvre.
Inutile de programmer un trop grand nombre de réunions que vous aurez du mal à honorer, mieux vaut des réunions peu nombreuses mais bien préparées et constructives.
Restez bien dans votre rôle de client, ne faites pas d'ingérence dans la technique.

5. Signer le contrat définitif

Avant de signer le contrat de construction :

– Lisez-le en détail.

– Faites-vous expliquer les points techniques ou ceux qui vous semblent obscurs.

– Lisez attentivement les contrats d'assurance assortis à votre contrat de construction (garanties d'achèvement, décennales…).

– Pour démarrer la construction, vous allez devoir faire une première avance de fonds. Assurez-vous que ces fonds soient bien libérés avant la signature. Si vous demandez au constructeur d'attendre quelques semaines avant d'encaisser le chèque, lui aussi attendra « quelques semaines » avant de commencer !

Conseils !

Faites le point sur tous les documents du dossier.

Vérifiez avec le constructeur la compréhension mutuelle du mode de fonctionnement (ne pas hésiter à répéter les choses et à valider).

Faites une photocopie du chèque de premier versement et joignez-le à votre dossier.

Gardez une copie de tous les documents que vous signez.

N'hésitez pas à mettre en annexes des contrats vos propres documents contenant vos procédures de fonctionnement.

Déjeunez avec votre chef de chantier pour démarrer une collaboration fructueuse.

Les cinq points à retenir

1. Anticipez et préparez vos réunions.

2. Négociez le fonctionnement en lâchant sur certains points mais en vous montrant ferme sur ce qui est important pour vous ; la négociation doit se terminer gagnant-gagnant.

3. Établissez avec votre chef de chantier une relation de confiance.

4. Assurez-vous que les règles de fonctionnement sont connues de tous.

5. Vérifiez soigneusement tous les termes du contrat avant de signer.

9. Suivre les travaux

Qui agit ?

Vous
Le chef de chantier

Qui l'utilise ?

Le chef de chantier

Documents créés à cette étape	Documents déjà créés et modifiés
16 Fiche de suivi des actions personnelles 17 Courrier au constructeur 18 Compte rendu de réunion	18 Compte rendu de réunion 13 Budget détaillé maison 15 Fiche de suivi chantier

Ce qu'il faut faire

Préparer les réunions périodiques
Mener les réunions périodiques
Mettre à jour le planning et le budget
Faire le compte rendu de réunion
Mettre à jour le dossier de suivi et communiquer

Attention !
Vous entrez dans un travail de longue haleine qui nécessite de la rigueur et du calme. Vous devrez conserver un niveau de relation professionnelle et non conflictuelle tout au long du projet. Préparez-vous au plus long des marathons…

Suivre les travaux

Objectifs de la fiche

➤ Vous donner des conseils méthodologiques pour maintenir une relation de confiance avec le constructeur.

➤ Mettre en œuvre les actions qui vont vous mener au résultat final.

Détail des actions à entreprendre

1. Préparer les réunions périodiques

Préparer et anticiper sont les maîtres mots.

– **Préparer** : organisez votre dossier avant chaque réunion afin de vous remémorer les points à aborder ou à valider. Appuyez-vous sur le compte rendu de la réunion précédente, sur vos notes ou sur une liste des éléments qui reste à faire.

– **Anticiper** : Avant la réunion vous aurez fait un tour du chantier, en notant dans votre carnet tous les points à aborder pendant la réunion.

Conseils !

Emmenez tout votre dossier avec vous pour avoir sous la main en temps réel tous les éléments.

Mettez votre dossier dans des chemises et des sous-chemises numérotées, datées, par thème, l'ensemble étant classé dans un carton par exemple que vous chargerez en une seule fois dans votre voiture.

Utilisez un cahier à spirales A4 pour prendre vos notes, datez-les et réinjectez-les dans votre dossier quitte à faire des photocopies.

2. Mener les réunions périodiques

Arrivez toujours à l'heure et ne laissez pas quelqu'un arriver avec plus d'un quart d'heure de retard sans le lui faire remarquer. Prenez des notes de tout ce qui est dit.

Conseils !

Préférez toujours une solution amiable ou un compromis à un conflit.

Ne passez pas au-dessus de la voie hiérarchique. De préférence, adressez-vous toujours au chef de chantier pour demander quelque chose.

Reformulez tout ce qui est dit.

3. Mettre à jour le planning et le budget

Au fur et à mesure que votre projet avance, il vous faut suivre la planification et le budget.

– Comparez ce qui a été prévu avec ce qui a été réalisé et mettez en œuvre des actions correctives.

– Soyez attentifs à tous les éventuels retards et demandez toujours des explications.

– Demandez au chef de chantier qu'il vous communique son planning détaillé (s'il en fait un).

En théorie, en dehors des points de validation obligatoires qui sont pointés sur le contrat de construction (et qui sont souvent liés à un paiement) votre constructeur n'est pas obligé de faire des comptes rendus périodiques.

Conseils !

Mettez à jour votre planning à partir des grandes étapes et des grands jalons. N'essayez pas de suivre en détail toutes les interventions de tous les corps de métier.

Suivez en détail toutes les dépenses que vous engagez pour la construction par rapport à votre budget prévisionnel.

N'attendez pas le dernier moment pour réajuster ou réagir, aussi bien quant au planning qu'au budget.

4. Faire le compte rendu de réunion

Le compte rendu de réunion doit être :

– synthétique,

– compréhensible par tous,

– opérationnel.

Il doit comporter :

– une liste des actions à entreprendre,

– le nom de celui ou de ceux qui vont les réaliser,

– la date du rendu des travaux.

Si vous vous engagez à mener une action à titre personnel ou que vous la faites réaliser par un autre fournisseur que votre constructeur, faites en sorte de tenir vos promesses, vous serez ainsi plus à l'aise pour exiger qu'il tienne les siennes.

Conseils !

Ne notez dans le compte rendu que des choses qui ont été évoquées pendant la réunion.

Transmettez le compte rendu sans attendre, soyez réactif.

Assurez-vous que votre compte rendu a été lu au début de la réunion précédente.

Ne vous substituez pas à votre chef de chantier, gardez votre positionnement de client-utilisateur de la maison.

Ajoutez des photos numériques que vous aurez faites pendant la réunion pour étayer vos remarques.

5. Mettre à jour le dossier de suivi et communiquer

– Classez vos documents au fur et à mesure, ne vous laissez pas déborder.

– Si vous utilisez l'informatique pour classer vos documents utilisez la même organisation pour vos documents que dans votre dossier papier.

- Gérez votre agenda avec rigueur pendant toute la durée de la construction.

- Échangez avec votre conjoint et éventuellement vos enfants sur les décisions qui ont été prises. Ne les mettez pas devant le fait accompli, vous risquez de générer des conflits supplémentaires.

Conseils !

Datez et classez tous vos documents avec rigueur dans l'ordre chronologique.

Faites le point sur votre agenda tous les soirs avant de terminer votre journée.

Prévoyez une journée pleine par semaine pour vous consacrer à votre projet (réunions, déplacements, suivi, dossier…) pendant toute la durée de la construction.

Communiquez à tous les acteurs (constructeur, chef de chantier, famille…) sur la vie du chantier et sur les décisions prises.

Soyez organisé et anticipez, cela diminue le stress !

Les cinq points à retenir

1. Arrivez à l'heure pour montrer l'exemple.

2. Évitez les conflits : essayez de trouver des solutions satisfaisantes pour tout le monde.

3. Ne réglez jamais vos litiges en public.

4. Suivez avec soin votre budget, surtout si vous avez peu de marge de manœuvre. Les conséquences d'un dérapage financier peuvent vous conduire à bloquer le chantier si vous ne payez pas une échéance.

5. Ayez toujours un dossier impeccablement bien rangé, et pensez à communiquer autour de vous pour que vos proches adhèrent au projet.

10. Suivre les finitions

Qui agit ?

Vous

Qui l'utilise ?

Vous
Le chef de chantier

Documents créés à cette étape	Documents déjà créés et modifiés
19 Suivi du reste à faire 20 Bilan du projet	Aucun

Ce qu'il faut faire
Faire le point sur les éléments qui restent à terminer Consolider son planning avec le planning de la construction Mettre en œuvre ses travaux personnels Clore le dossier avec le constructeur Faire le bilan de votre projet

Attention !
Les finitions coûtent cher au constructeur, car elles nécessitent beaucoup de temps, et elles sont importantes pour vous, car c'est ce qui se voit ! C'est un vrai challenge que de faire terminer un chantier : encore une fois c'est votre rigueur et votre ténacité qui feront la réussite du projet...

Suivre les finitions

Objectif de la fiche

➤ Vous permettre de gérer avec votre constructeur le moment, extrêmement délicat, de la fin des travaux et des finitions.

Détail des actions à entreprendre

1. Faire le point sur ce qu'il reste à faire

Faites un tour détaillé de la maison afin de lister toutes les finitions prévues dans le contrat. Il faut faire une simple liste avec des cases à cocher et suivre au fur et à mesure l'avancement. Le constructeur essaiera sûrement de vous faire signer un procès-verbal de fin de chantier. N'oubliez pas de formaliser par écrit vos réserves ainsi que les finitions qui restent à faire !

Conseils !
Passez une journée entière s'il le faut pour lister tous les points à terminer et toutes les imperfections.
N'oubliez pas que cette phase n'est pas rentable pour le constructeur.
Soyez présent s'il le faut pour que les artisans terminent complètement leur travail, ne les lâchez pas !

2. Consolider son planning avec le planning de la construction

Si vous avez envie ou besoin de faire vous-même certains travaux dans votre maison avant la fin effective des finitions (la peinture par exemple), négociez cette possibilité avec votre chef de chantier.

Conseils !
N'oubliez pas que vous allez engager votre responsabilité en intervenant sur le chantier.
Faites formaliser par écrit l'autorisation par le constructeur pour que vous puissiez intervenir.

3. Réaliser des travaux personnels

Pour des raisons de coûts et de coordination, il peut être intéressant de réaliser certains travaux soi-même.

Exemple
Peindre avant que le carrelage soit posé est bien plus facile et confortable que de devoir couvrir les sols pour les protéger.

Pour ne pas ralentir les finitions du chantier il faut souvent mobiliser la famille et les amis pour aller plus vite. Mais l'aide même rémunérée d'un professionnel peut vous faire gagner du temps (et de la qualité) même si vous êtes là pour donner un coup de main.

Conseils !
Avant de mobiliser trop de personnes, demandez-vous si vous avez des talents de coordinateur.
N'invitez pas ceux qui n'ont jamais réalisé ce genre de travaux, ils peuvent vous ralentir ou pire vous dégrader la maison.
N'entamez pas des travaux trop ambitieux et dont vous ne savez pas mesurer la charge.
Faites-vous un mini-planning de ces travaux.
Vérifier quelques jours avant de démarrer si vous avez tous les matériaux et tous les outils. Les courses de dernière minute vous feront perdre une précieuse demi-journée.

4. Clore le dossier avec le constructeur

Pour récupérer les clés de votre maison, vous devez solder votre compte. Attention, il s'agit d'un acte de désengagement de la part du constructeur. Réfléchissez bien et ne comptez pas sur les promesses de bonne foi « promis on vient la semaine prochaine pour les dernières retouches… ».

Conseils !

Si vous estimez qu'il y a des malfaçons ou des choses importantes qui restent à faire ne versez pas le dernier montant.

Faites un petit cadeau de remerciement à votre chef de chantier.

Pensez à remercier les artisans qui ont bien fait leur travail, vous pouvez encore avoir besoin d'eux.

5. Faire le bilan de votre projet

Rangez votre dossier soigneusement, car il peut vous servir en cas de problèmes ultérieurs ou tout simplement pour mener à bien un autre projet. N'oubliez pas de dire à votre assureur que la maison vous appartient et que vous allez l'habiter ! Avant de penser à pendre la crémaillère avec vos amis, il peut être sympathique d'inviter vos voisins les plus proches afin de les rencontrer et de vous présenter.

Conseils !

Classez votre dossier méticuleusement et rangez-le.

Fêtez ce projet avec votre famille et prenez une semaine de repos pour évacuer votre stress.

Rangez les catalogues et les revues que vous avez gardés, cela peut servir à vos amis ou relations.

N'oubliez pas de faire la déclaration de fin de chantier à la mairie si ce n'est pas le constructeur qui le fait.

Vérifiez que vous êtes en règle avec toutes les démarches administratives liées à la construction (banque, impôts, mairie…).

Les cinq points à retenir

1. Soyez pointilleux sur tout ce qui reste à faire, c'est tout ce que vous n'aurez pas à faire vous-même.

2. Ordonnancez « intelligemment » les travaux que vous allez faire vous-même avec les travaux du constructeur.

3. Veillez à ce qu'il n'y ait pas d'ingérence entre vos travaux et ceux du constructeur. Rester dans un fonctionnement courtois, légal, et accepté par écrit.

4. Ne payez le solde que si les travaux sont effectivement réalisés, quitte à retarder votre emménagement d'un mois.

5. Remerciez tous ceux qui se sont investis dans votre projet, même ceux que vous avez payés pour cela.

Dix points importants

1. Au départ raisonnez « fonctionnel » et « usage », oubliez la technique, elle viendra ensuite !

2. Faites votre budget en pensant à toutes les dépenses nécessaires au fonctionnement de votre maison, soyez le plus exhaustif possible.

3. Un bon emplacement valorise votre maison, choisissez votre terrain avec soin, c'est presque le plus important.

4. Ne vous lancez pas dans l'achat d'un terrain hors de prix, au risque de ne plus rien avoir pour construire la maison.

5. Dessinez les plans de la maison de vos rêves sans tenir compte des contraintes techniques. Les constructeurs sauront vous rappeler qu'elles existent.

6. Votre constructeur et surtout votre chef de chantier vont devenir des « partenaires », sachez les choisir aussi pour leurs qualités humaines.

7. Ne mettez pas tout votre budget dans votre maison. Les aléas de la vie font que vous pourriez avoir subitement besoin de liquidités. Soyez prudent.

8. C'est vous le client, imposez votre fonctionnement en douceur à vos partenaires.

9. Soyez exigeant avec vous-même avant de l'être avec les autres. Respectez les heures de rendez-vous et tenez vos engagements.

10. Ne lâchez rien mais sachez être souple ! Allez jusqu'au bout et exigez ce que l'on vous doit, vous en tirerez une grande satisfaction.

Mise en œuvre de la méthode

Mode d'emploi

Ce chapitre va vous permettre de facilement mettre en œuvre la méthode qui vient d'être expliquée, en vous appuyant sur les documents qui jalonnent les différentes étapes de votre projet de construction. Cette partie est donc destinée à ceux qui ont déjà construit ou à ceux qui ont lu le premier chapitre.

Ces documents sont modifiables et personnalisables en fonction de votre type de construction et du partage des responsabilités que vous mettrez en œuvre.

En effet, une partie des travaux peut être réalisée par des artisans que vous pilotez vous-même. Dans ce cas, vous allez vous substituer au constructeur et vous devrez alors adapter la méthode décrite au chapitre 1 et vous servir des documents suivants.

Vous pouvez les compléter par la check-list de questions qui figure au chapitre 3 (p. 157).

Tous les documents sont importants. Cependant, vous pouvez décider d'ignorer la mise en œuvre de l'un d'entre eux, ou le remplacer par un autre document. Par exemple, certains éléments de planification peuvent être contenus dans le contrat de construction, il sera donc peut être inutile d'ajouter le planning qui serait redondant.

Description détaillée du chapitre

Pour chaque document vous trouverez :

- Une présentation sommaire.
- Des conseils, aussi bien pour le remplissage du document que pour la mise en œuvre des techniques.
- Une présentation du document sous sa forme réelle après impression, avec des explications détaillées vous permettant de renseigner correctement chaque rubrique.
- Un rappel des cinq points importants à ne pas oublier.
- Un schéma indiquant à quels moments de la méthode le document peut être utilisé.
- Les acteurs concernés par ce document et la communication autour du document.

Le point important

C'est à travers la mise en œuvre des documents que se traduit la préparation et le suivi de votre construction. C'est un moyen de vous rassurer et de cadrer le constructeur ainsi que le chef de chantier.

Présentation des documents

Les documents

La méthode contient vingt documents qui illustrent la mise en œuvre des outils décrits à chacune des dix étapes du chapitre précédent :

➤ Note de cadrage

➤ Liste des fonctions

➤ Tableau fonctions/moyens

- ➤ Planning général
- ➤ Budget général
- ➤ Matrice de choix du terrain
- ➤ Budget détaillé du terrain
- ➤ Plan général de la maison
- ➤ Cahier des charges de la maison
- ➤ Carnet des notes et expériences
- ➤ Matrice de choix du constructeur
- ➤ Planning détaillé de la maison
- ➤ Budget détaillé de la maison
- ➤ Fiche des règles et procédures
- ➤ Fiche de suivi du chantier
- ➤ Fiche de suivi des actions personnelles
- ➤ Courrier au constructeur
- ➤ Compte rendu de réunion
- ➤ Suivi des finitions
- ➤ Bilan du projet

Les documents et les outils bureautiques

L'ensemble des documents peut être géré à partir des logiciels de traitement de texte et d'un tableur (par exemple : Word et Excel). Toutefois en ce qui concerne le planning détaillé vous pourrez utiliser au choix Excel ou Project. Le logiciel Project n'est pas indispensable, mais il vous offre la possibilité d'élaborer vos plannings avec un outil performant et pratique dédié à la planification, au suivi et la communication d'information de projets.

Les documents sont téléchargeables sur le site des Éditions Eyrolles (www.editions-eyrolles.com). Ils sont mis en œuvre par les produits bureautiques suivants :

Nom du document	Logiciel utilisé
01 Note de cadrage	Word
02 Liste des fonctions	Excel
03 Tableau fonctions/moyens	Excel
04 Planning général	Excel
05 Budget général	Excel
06 Matrice de choix du terrain	Excel
07 Budget détaillé du terrain	Excel
08 Plan général de la maison	Word
09 Cahier des charges de la maison	Word
10 Carnet des notes et expériences	Word
11 Matrice de choix du constructeur	Excel
12 Planning détaillé de la maison	Excel
13 Budget détaillé de la maison	Excel
14 Fiche des règles et procédures	Word
15 Fiche de suivi du chantier	Excel
16 Fiche de suivi des actions personnelles	Excel
17 Courrier au constructeur	Word
18 Compte rendu de réunion	Word
19 Suivi des finitions	Excel
20 Carnet des notes et expériences	Word

Tous les documents ont une présentation uniforme afin de faciliter la communication entre les différents acteurs de votre projet.

Ils sont également munis d'un en-tête et d'un pied de page qu'il convient de renseigner afin de pouvoir les classer et les retrouver facilement. De même, nous vous conseillons de conserver les versions successives d'un même document. Elles seront autant d'étapes qui jalonneront la réalisation de votre projet.

La note de cadrage

Ce document est le point de départ de votre projet. Il va le résumer en quelques mots et vous permettre de vous accorder avec les membres de votre entourage sur les objectifs à poursuivre.

Conseils de mise en œuvre

Réalisez d'abord une première version de ce document dans le calme afin de bien cerner votre projet.

Rien n'est définitif dans cette première réflexion, et tout est permis. Laissez libre court à vos envies et à vos souhaits.

N'hésitez pas à réaliser plusieurs versions que vous sauvegarderez en V1, V2... etc. Vous mesurerez ainsi l'évolution de vos réflexions.

Montrez ce document à votre conjoint en lui expliquant que c'est une base de réflexion. Précisez-lui bien qu'il ne s'agit pas d'un « contrat » mais d'un point de départ destiné à favoriser les échanges entre vous.

Demandez éventuellement à votre conjoint de rédiger sa propre note de cadrage. Cela vous donnera l'occasion de mieux cerner vos points d'accord ou de divergences, qui n'apparaissent pas toujours dans les échanges verbaux.

Il s'agit de votre premier document : n'oubliez pas la gestion de votre dossier papier. Ouvrez un classeur et insérez-y vos documents papier au fur et à mesure.

Classez également vos documents informatiques. Faites des sauvegardes régulières de tous les documents.

Présentation détaillée

Nom du constructeur	NOTE DE CADRAGE	Nom du propriétaire

Votre projet en quelques mots	Xxxxxxxxx -	**Commentaire :** Définissez en quelques mots la teneur de votre projet, en utilisant des mots simples et des phrases courtes.
L'usage principal de votre construction	Xxxxxxxxx -	**Commentaire :** Écrivez quel va être l'usage premier de votre construction : location, habitation principale, résidence secondaire. Indiquez éventuellement les différentes échéances.
Date de disponibilité souhaitée	Xxxxxxxxx -	**Commentaire :** Imaginez à quelle date vous souhaiteriez avoir la disponibilité de votre construction (maison terminée par le constructeur).
Grandes étapes du projet	Xxxxxxxxx -	**Commentaire :** Faites la liste des différentes étapes de votre projet en indiquant pour chaque étape les dates de début et les dates de fin.
Lieux de construction possibles	Xxxxxxxxx -	**Commentaire :** Faites la liste des lieux qui vous paraissent les plus appropriés pour votre construction.
Liste des personnes qui vont participer au projet	Xxxxxxxxx -	**Commentaire :** Faites la liste de toutes les personnes qui vont participer de façon active à votre projet.

Votre projet en quelques mots : définissez en quelques mots la teneur de votre projet, en utilisant des mots simples et des phrases courtes.

L'usage principal de votre construction : mettez par écrit l'usage premier de votre construction : location, habitation principale, résidence secondaire. Indiquez éventuellement les différentes échéances par exemple la date à laquelle vous souhaiteriez emménager.

Date de disponibilité souhaitée : imaginez à quelle date vous souhaiteriez que la maison soit terminée par le constructeur.

Grandes étapes du projet : faites la liste des différentes étapes de votre projet en indiquant pour chacune d'elles, les dates de début et de fin.

Lieux de construction possibles : établissez la liste des lieux qui vous paraissent les plus appropriés pour votre construction.

Liste des personnes qui vont participer au projet : faites la liste de toutes les personnes qui vont participer de manière active à votre projet.

Le point important

Ne démarrez pas votre projet si vous êtes en désaccord avec votre conjoint sur les objectifs généraux de votre projet. La note de cadrage est un contrat moral !

Utilisation de ce document dans la méthode

La note de cadrage est utilisée dans la phase « réflexion » et créée dans la fiche n° 1 « Définition du besoin général » (p. 13).

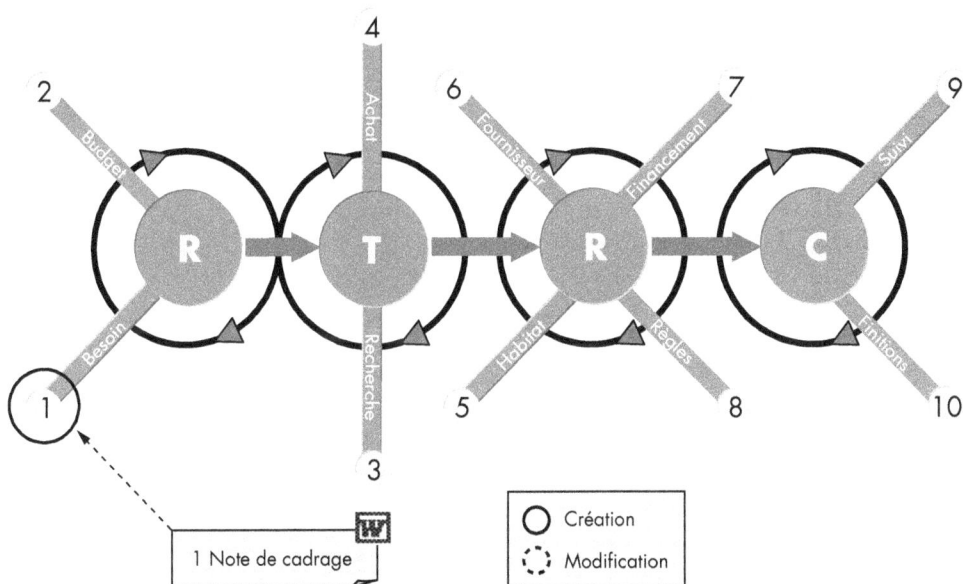

1 Note de cadrage

○ Création

◌ Modification

Acteurs et communication

Commencez par travailler seul sur ce document avant d'échanger avec votre famille. Ensuite seulement vous élaborerez une synthèse, de nouveau seul.

La liste des fonctions

Avec ce document, vous allez élaborer un premier raisonnement fonctionnel avant de vous lancer dans la conception de votre maison. Cette liste des fonctions va vous permettre de déterminer tous les usages de votre maison. La réalisation de ce document est particulièrement difficile, car on a tendance à penser tout de suite en termes de « solutions », ce qui est la façon la plus sûre d'oublier des fonctions importantes.

Conseils de mise en œuvre

Même si la démarche vous semble lourde, allez jusqu'au bout et dressez la liste de tous les usages de votre maison.

Une méthode simple consiste à lister l'ensemble de vos activités habituelles au cours d'une journée et d'un week-end. Rentrez dans les détails afin de ne rien oublier, en déroulant la journée chronologiquement. Par exemple, le week-end nous commençons par prendre un petit-déjeuner d'une heure en famille, puis nous aimons faire des jeux de société. L'après-midi traditionnellement nous partons nous promener à pied à partir de la maison…

Demandez aux personnes qui vivent sous votre toit de faire la même chose, afin de ne pas négliger les fonctions qui sont les leurs.

Si votre maison doit être une résidence secondaire, la démarche sera peut-être plus difficile. Souvenez-vous de tout ce que vous faites en week-end et en vacances.

Si cette résidence secondaire doit être un jour votre résidence principale, il faut alors cumuler les fonctions de week-end et de vacances avec les fonctions des jours normaux.

N'oubliez rien et soyez le plus exhaustif possible.

Présentation détaillée

FONCTIONS PRINCIPALES	FONCTIONS SECONDAIRES	IMPORTANCE	Remarques
XXXX	XXXXXX	X	Xxxxxxxxxxxxxxxxxxxxxxxxxxxxxxxxxxx
	XXXXXX	X	Xxxxxxxxxxxxxxxxxxxxxxxxxxxxxxxxxxx
	XXXXXX	X	Xxxxxxxxxxxxxxxxxxxxxxxxxxxxxxxxxxx
	XXXXXX	X	Xxxxxxxxxxxxxxxxxxxxxxxxxxxxxxxxxxx
XXXX	XXXXXX	X	Xxxxxxxxxxxxxxxxxxxxxxxxxxxxxxxxxxx
	XXXXXX	X	Xxxxxxxxxxxxxxxxxxxxxxxxxxxxxxxxxxx
	XXXXXX	X	Xxxxxxxxxxxxxxxxxxxxxxxxxxxxxxxxxxx
	XXXXXX	X	Xxxxxxxxxxxxxxxxxxxxxxxxxxxxxxxxxxx
XXXX	XXXXXX	X	Xxxxxxxxxxxxxxxxxxxxxxxxxxxxxxxxxxx
	XXXXXX	X	Xxxxxxxxxxxxxxxxxxxxxxxxxxxxxxxxxxx
	XXXXXX	X	Xxxxxxxxxxxxxxxxxxxxxxxxxxxxxxxxxxx
	XXXXXX	X	Xxxxxxxxxxxxxxxxxxxxxxxxxxxxxxxxxxx
XXXX	XXXXXX	X	Xxxxxxxxxxxxxxxxxxxxxxxxxxxxxxxxxxx
	XXXXXX	X	Xxxxxxxxxxxxxxxxxxxxxxxxxxxxxxxxxxx
	XXXXXX	X	Xxxxxxxxxxxxxxxxxxxxxxxxxxxxxxxxxxx
	XXXXXX	X	Xxxxxxxxxxxxxxxxxxxxxxxxxxxxxxxxxxx
XXXX	XXXXXX	X	Xxxxxxxxxxxxxxxxxxxxxxxxxxxxxxxxxxx
	XXXXXX	X	Xxxxxxxxxxxxxxxxxxxxxxxxxxxxxxxxxxx
	XXXXXX	X	Xxxxxxxxxxxxxxxxxxxxxxxxxxxxxxxxxxx
	XXXXXX	X	Xxxxxxxxxxxxxxxxxxxxxxxxxxxxxxxxxxx

Fonctions principales : indiquez avec un verbe la fonction principale.

Fonctions secondaires : indiquez avec un verbe et un complément la fonction secondaire.

Importance : indiquez le niveau d'importance : 3 (essentiel), 2 (important), 1 (secondaire).

Remarques : notez des explications éventuelles sur la fonction et ses contraintes.

Le point important

Pensez au moment le plus agréable dans une journée et faites la liste des fonctions qui sont remplies à ce moment-là. Ne les négligez pas, car elles sont prioritaires si vous voulez vous sentir bien dans votre future maison !

Utilisation de ce document dans la méthode

La liste des fonctions est utilisée dans la phase « réflexion » et créée dans la fiche n° 1 « Définir le besoin général » (p. 13).

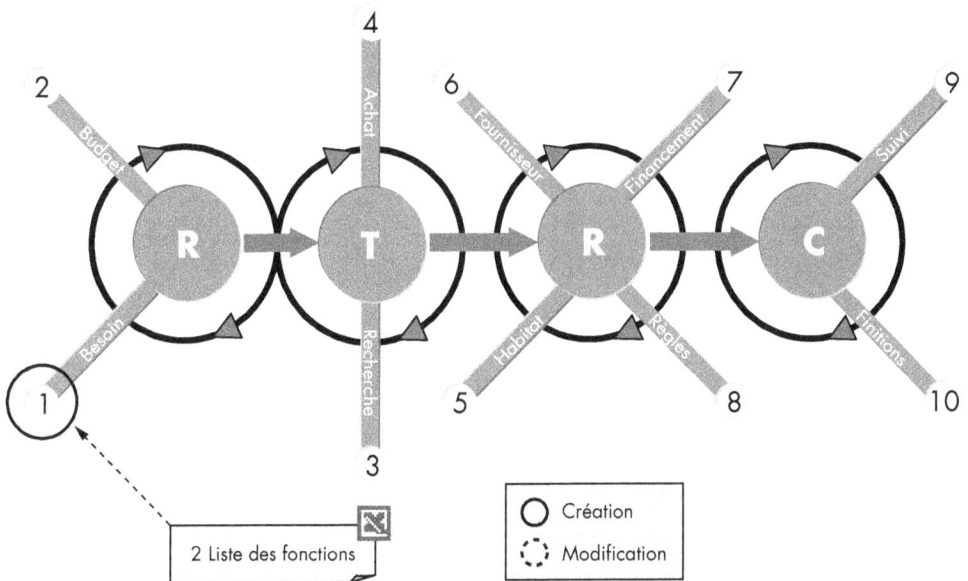

Acteurs et communication

C'est un travail personnel qui n'est pas nécessairement facile à faire en famille. Néanmoins, le classement des fonctions peut être fait avec vos proches.

Le tableau fonctions/moyens

Ce document va vous permettre d'imaginer les solutions susceptibles de répondre aux fonctions préalablement listées. Faites preuve d'une grande créativité afin d'imaginer toutes les solutions possibles. Ne vous limitez pas, consultez les revues et discutez avec votre entourage.

Conseils de mise en œuvre

Faites un classement des différentes fonctions établies dans le document précédent.

Recopiez toutes les fonctions secondaires du document n° 2 dans ce document.

Listez en détail toutes les solutions possibles.

Réalisez plusieurs versions du document si nécessaire.

Étalez la rédaction du document dans le temps afin que toutes les idées puissent émerger.

Montrez les documents à vos relations afin qu'ils puissent vous faire part de leurs idées.

Ne vous préoccupez pas, pour l'instant, des conséquences sur le budget.

Ne cherchez pas de cohérence entre les idées que vous émettez.

Essayez de ne pas penser aux plans et à l'ordonnancement des pièces entre elles, cela risque de bloquer votre créativité.

Présentation détaillée

FONCTIONS SECONDAIRES	MOYENS PROPOSES	Remarques
Xxxxxxxxxxxxx	Xxxxxxxxxxxxxxxxxxxx Xxxxxxxxxxxxxxxxxxxx Xxxxxxxxxxxxxxxxxxxx Xxxxxxxxxxxxxxxxxxxx	Xxxxxxxxxxxxxxxxxxxx
Xxxxxxxxxxxxx		
Xxxxxxxxxxxxx		
Xxxxxxxxxxxxx		
Xxxxxxxxxxxxx		
Xxxxxxxxxxxxx		
Xxxxxxxxxxxxx		
Xxxxxxxxxxxxx		

Fonctions secondaires : récupérez la liste des fonctions secondaires établies dans le document n° 2 et classez-les par ordre de priorité.

Moyens proposés : pour chaque fonction, établissez une liste des moyens susceptibles de la remplir.

Remarques : notez des explications éventuelles sur les moyens envisagés.

> **Le point important**
>
> De très nombreuses solutions techniques peuvent remplir une fonction et elles ne sont pas nécessairement coûteuses. Il ne faut donc surtout pas rester « bloqué » sur une seule option. N'hésitez pas à échanger avec vos proches.

Utilisation de ce document dans la méthode

Le tableau fonctions/moyens est utilisé dans la phase « réflexion » et créé dans la fiche n° 1 « Définir le besoin général » (p. 13).

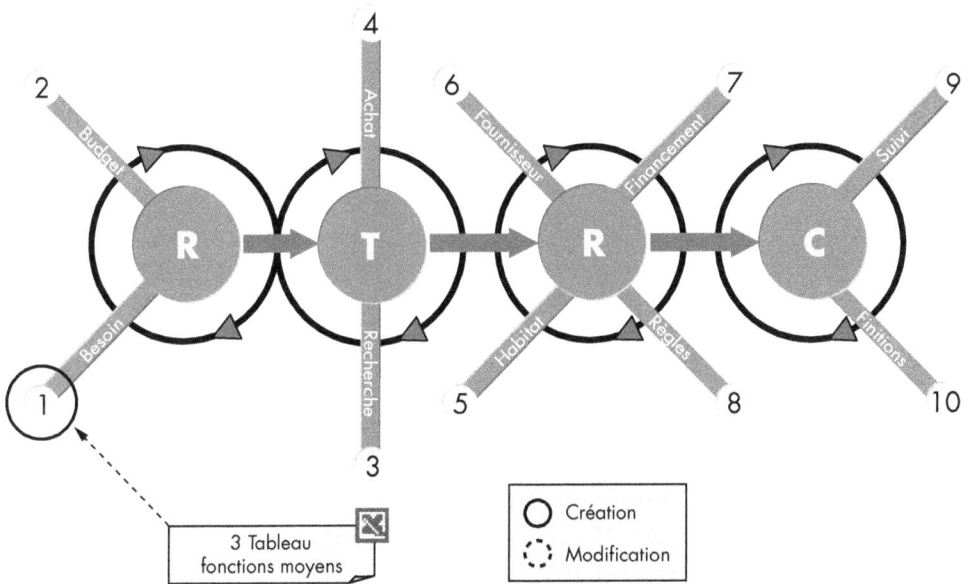

Le planning général

Il est maintenant nécessaire d'établir un premier planning de votre projet. En indiquant les principales échéances ainsi que les délais des différentes étapes, ce document va vous permettre de construire un planning réaliste grâce auquel vous connaîtrez la date de fin de votre projet.

Conseils de mise en œuvre

Faites la liste de toutes les grandes étapes qui vont jalonner votre projet.

Indiquez pour chaque étape les dates de début et de fin en étant plutôt pessimiste.

Indiquez les différentes échéances qui vont jalonner votre projet (par exemple, la date du déménagement).

Indiquez également les échéances administratives (signatures…).

N'oubliez pas les délais administratifs par exemple, le délai nécessaire pour obtenir les documents notariés après une promesse de vente.

N'hésitez pas à entrer dans le détail plutôt que d'oublier des étapes importantes.

Appuyez-vous sur les expériences des autres, qui peuvent vous donner des indications quant au temps nécessaire à chaque étape.

Prenez des marges de manœuvre d'environ 20 % sur les étapes les plus sensibles, comme les finitions de la maison.

N'oubliez pas les travaux que vous allez effectuer vous-même.

Présentation détaillée

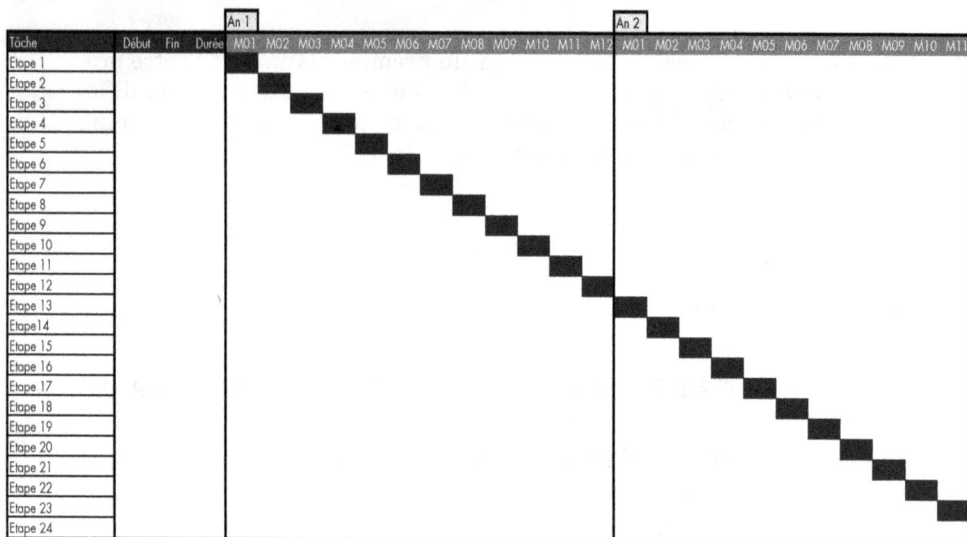

Tâche	Début	Fin	Durée	An 1												An 2										
				M01	M02	M03	M04	M05	M06	M07	M08	M09	M10	M11	M12	M01	M02	M03	M04	M05	M06	M07	M08	M09	M10	M11
Etape 1																										
Etape 2																										
Etape 3																										
Etape 4																										
Etape 5																										
Etape 6																										
Etape 7																										
Etape 8																										
Etape 9																										
Etape 10																										
Etape 11																										
Etape 12																										
Etape 13																										
Etape 14																										
Etape 15																										
Etape 16																										
Etape 17																										
Etape 18																										
Etape 19																										
Etape 20																										
Etape 21																										
Etape 22																										
Etape 23																										
Etape 24																										

Tâche : indiquez le nom que vous donnez à la tâche ou à l'étape du projet ; ce peut être aussi un jalon ou une date marquante.

Début : indiquez la date de début de la tâche.

Fin : indiquez la date de fin de la tâche.

Durée : calculez la durée de la tâche.

An x : indiquez l'année concernée.

M xx : indiquez le mois concerné.

> **Le point important**
>
> Ne cherchez pas à faire un planning « exact ». Il s'agit d'une première approche de la planification qui va vous donner une vue globale de votre projet. C'est la raison pour laquelle il vaut mieux être pessimiste sur les durées.

Utilisation de ce document dans la méthode

Le planning général est utilisé dans la phase « réflexion » et créé dans la fiche n° 2 « Calculer le budget total » (p. 19).

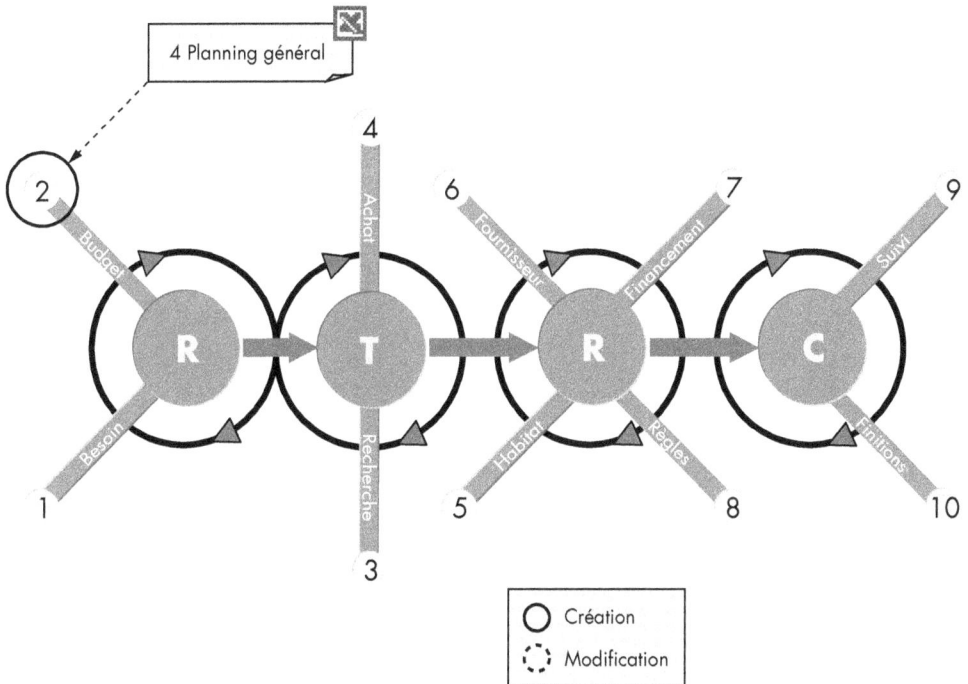

Le budget général

Ce document va vous donner une première approche financière du projet. Il est construit à partir du planning général et va vous permettre de réaliser une première évaluation de tous les coûts. Il sera également une sorte d'échéancier à « grandes mailles ».

Conseils de mise en œuvre

Faites la liste de toutes les étapes présentes dans votre planning général.

Indiquez pour chaque étape les coûts engendrés.

Indiquez également les coûts qui correspondent à des versements liés à un jalon ou à une date particulière.

Essayez d'être exhaustif en n'oubliant aucun coût, quitte à effectuer plus tard des ajustements.

Ne cherchez pas à être trop précis dans les montants que vous indiquez.

Précisez les entrées prévues afin de visualiser votre niveau de trésorerie.

Peu importe si les montants ne sont pas tout à fait exacts. N'essayez pas d'être très précis, ce n'est qu'une première approche du budget.

Référez-vous aux indications données par ceux qui ont déjà mené un tel projet.

Prévoyez des marges de manœuvre importantes sur les coûts que vous ne maîtrisez pas bien (au moins 20 %).

Présentation détaillée

Tâche	Type de coût	Budget prévu	Type de coût	Budget prévu	Type de coût	Budget prévu	Type de coût	Budget prévu	TOTAL Tâche
Etape 1									0 €
Etape 2									0 €
Etape 3									0 €
Etape 4									0 €
Etape 5									0 €
Etape 6									0 €
Etape 7									0 €
Etape 8									0 €
Etape 9									0 €
Etape 10									0 €
Etape 11									0 €
Etape 12									0 €
Etape 13									0 €
Etape 14									0 €
Etape 15									0 €
Etape 16									0 €
Etape 17									0 €
Etape 18									0 €
Etape 19									0 €
Etape 20									0 €
Etape 21									0 €
Etape 22									0 €
Etape 23									0 €
Etape 24									0 €
								TOTAL	0 €

Tâche : indiquez le nom de la tâche ou de l'étape du projet. Ce peut être aussi un jalon ou une date marquante.

Type de coût : indiquez le type de coût nécessaire à la réalisation de la tâche ou du jalon (avance, paiement à échéance…).

Budget prévu : indiquez le montant prévu.

Le point important

N'oubliez rien. Indiquer l'ensemble des frais liés au projet permet ensuite de piloter sereinement sa construction sur le plan financier et d'éviter les catastrophes !

Utilisation de ce document dans la méthode

Le budget général est utilisé dans la phase « réflexion » et créé dans la fiche n° 2 « Calculer le budget total » (p. 19).

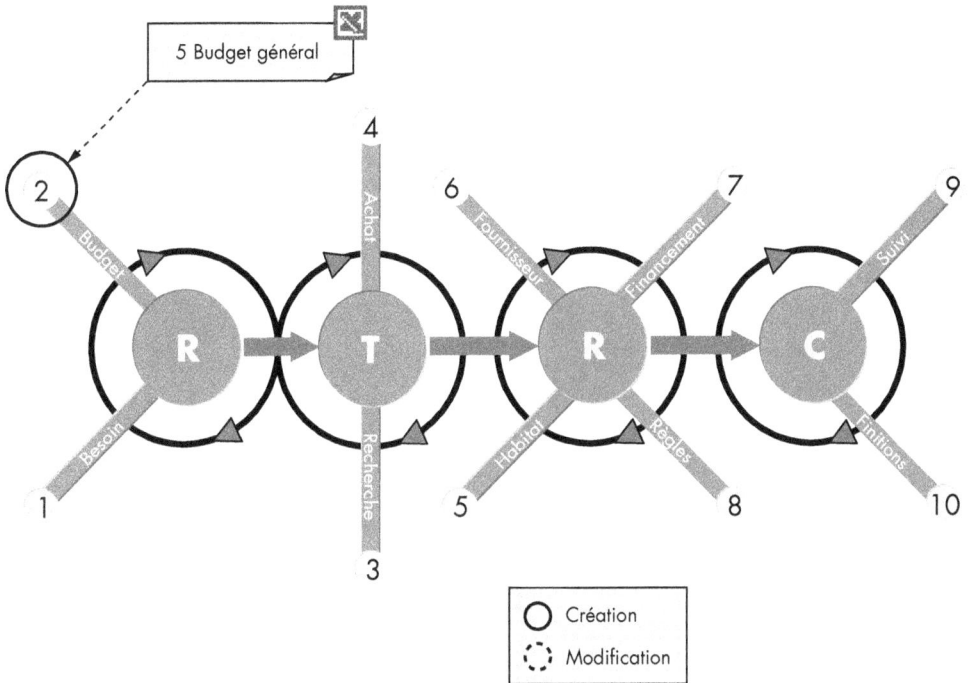

La matrice de choix du terrain

Ce document va vous permettre de faire un choix entre plusieurs terrains en toute objectivité. C'est un document qui vient en appui de votre réflexion personnelle.

Conseils de mise en œuvre

Faites figurer dans le tableau tous les terrains que vous avez visités, y compris ceux qui peuvent vous paraître éloignés de vos envies.

Établissez une liste de critères importants pour vous et votre famille.

Associez vos proches à la définition de ces critères, car ils vont influer considérablement dans le résultat final.

Élargissez au maximum vos critères de choix. Pour cela, organisez une sorte de « brain storming » avec vos proches. Les critères peuvent être par exemple la surface, le prix, la proximité des commerces, la disposition, le voisinage, la proximité des écoles, l'isolement, les arbres existants, le niveau de viabilisation, les investissements à prévoir, le calme, le tout à l'égout, l'électricité, le téléphone, la pente du terrain, etc.

Hiérarchisez les critères entre eux et attribuez-leur une note, en essayant de ne pas employer une échelle trop large (ne mettez pas de coefficient 0, cela voudrait dire que le critère ne sert à rien et qu'il doit être enlevé du tableau).

Notez avec objectivité chaque terrain pour chaque critère. Si vous n'êtes pas d'accord avec vos proches lors de cette cotation, faites une moyenne des notes attribuées par chacun et inscrivez cette note dans le tableau.

Présentation détaillée

Liste terrains	Critère 1	Poids critère 1	Critère 2	Poids critère 2	Critère 3	Poids critère 3	Critère 4	Poids critère 4	Critère 5	Poids critère 5	Critère 6	Poids critère 6	TOTAL
Terrain 1	1	2											2
Terrain 2	1	2											2
Terrain 3	1	2											2
Terrain 4	1	2											2
Terrain 5	1	2											2
Terrain 6	1	2											2
Terrain 7	1	2											2
Terrain 8	1	2											2
Terrain 9	1	2											2
Terrain 10	1	2											2

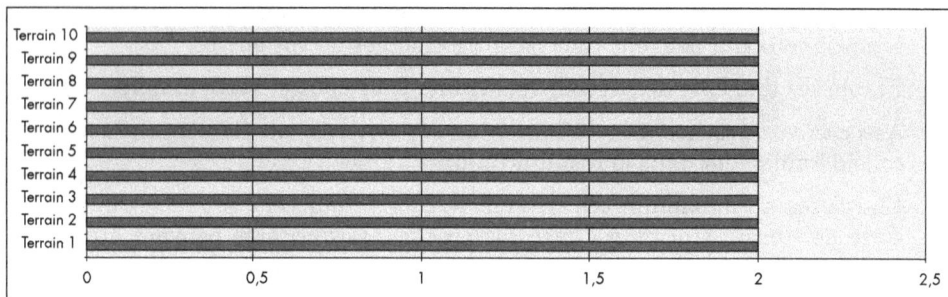

Liste terrains : indiquez les différents terrains parmi lesquels vous allez faire votre choix.

Critère 1 : indiquez le type de critère qui intervient dans votre choix et effectuez une cotation de 0 à 2.

Poids critère 1 : indiquez le poids du critère précédent. Valeur entre 1 et 3.

Le point important

Ce tableau n'est qu'une aide à la décision, il dépend directement des critères choisis. N'oubliez pas cependant que votre intuition et votre cœur doivent compter !

Utilisation de ce document dans la méthode

La matrice de choix du terrain est utilisée dans la phase « terrain » et créée dans la fiche n° 3 « Chercher le terrain » (p. 25).

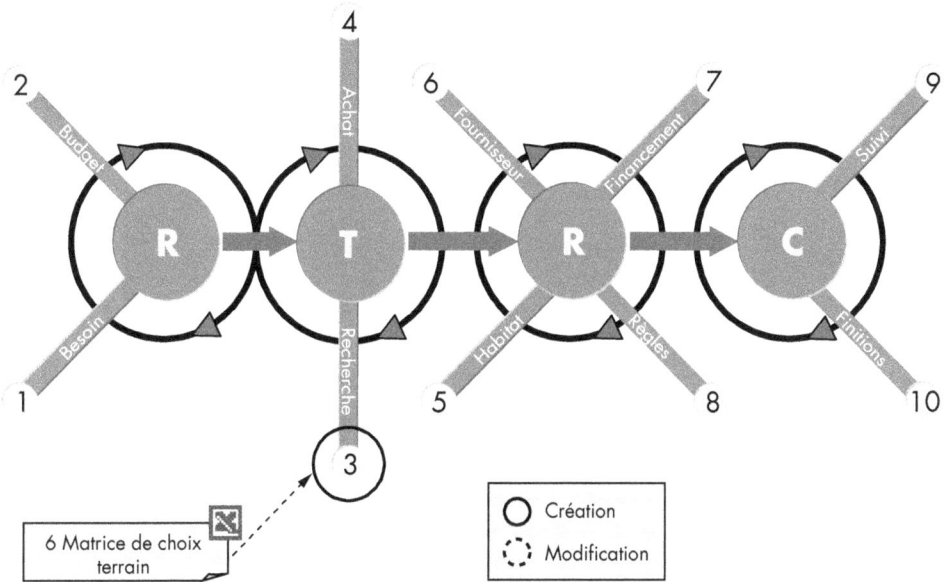

Le budget détaillé du terrain

Ce tableau va vous permettre de chiffrer en détail l'ensemble des coûts nécessaires à la mise en conformité du terrain. Il vous permettra de choisir le meilleur mode de financement et de visualiser la répartition entre les coûts directement liés au terrain et ceux liés à la construction.

Conseils de mise en œuvre

Définissez précisément l'état dans lequel vous souhaitez mettre le terrain avant le début des travaux. Cet état dépend directement de la planification générale de votre projet. En effet, les choses seront différentes si vous souhaitez construire rapidement ou si vous reportez la construction de plusieurs mois ou de plusieurs années.

Faites la liste des postes de coût liés au terrain. Il peut s'agir de coûts liés à des sous-traitants (EDF, GDF, eau, paysagiste) et des coûts liés à des travaux que vous souhaitez réaliser vous-même (location de matériel de terrassement, matériel de nettoyage, etc.).

N'hésitez pas à vous projeter dans le temps. Même si certaines dépenses seront engagées plus tard, il est nécessaire de les prévoir dès aujourd'hui.

N'oubliez pas que les engins qui vont intervenir pour la construction vont abîmer votre terrain, surtout si la surface est restreinte, car ils auront peu de place pour manœuvrer. En outre, il faudra prévoir un passage suffisant pour permettre aux engins d'accéder à votre propriété. Reportez dans ce cas les coûts liés à la finition du terrain (gazon, élargissement des voies d'accès).

Soyez le plus exhaustif possible et n'oubliez pas les impôts fonciers liés à la possession d'un terrain.

Présentation détaillée

Type de coût	Détail coût	Montant coût	Détail coût	Montant coût	Détail coût	Montant coût	Détail coût	Montant coût	TOTAL Coût
Coût 1									0 €
Coût 2									0 €
Coût 3									0 €
Coût 4									0 €
Coût 5									0 €
Coût 6									0 €
Coût 7									0 €
Coût 8									0 €
Coût 9									0 €
Coût 10									0 €
Coût 11									0 €
Coût 12									0 €
Coût 13									0 €
Coût 14									0 €
Coût 15									0 €
Coût 16									0 €
Coût 17									0 €
Coût 18									0 €
Coût 19									0 €
Coût 20									0 €
Coût 21									0 €
Coût 22									0 €
Coût 23									0 €
Coût 24									0 €
								TOTAL	0 €

Type de coût : indiquez le nom de la tâche ou de l'étape du projet : ce peut être aussi un jalon ou une date marquante.

Détail coût : indiquez la première partie constituant ce coût.

Montant coût : indiquez le montant de la première partie constituant ce coût.

Le point important

Soyez vigilant et n'oubliez rien : certains coûts d'habilitation du terrain peuvent être extrêmement élevés, attention aux surprises, évaluez tout !

Utilisation de ce document dans la méthode

Le budget détaillé du terrain est utilisé dans la phase « terrain » et créé dans la fiche n° 4 « Financer et acheter le terrain » (p. 31).

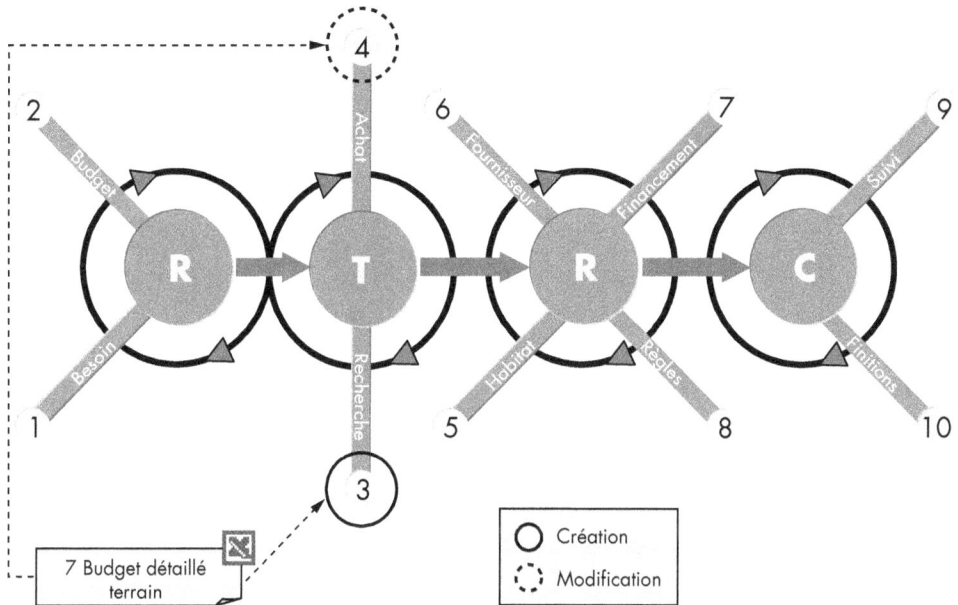

Le plan général de la maison

Ce document va vous permettre de faire un premier plan des différents niveaux de votre maison. Vous pourrez également y reporter les surfaces que vous souhaitez pour chaque pièce.

Conseils de mise en œuvre

Suivant les outils informatiques à votre disposition (scanner, logiciels spécialisés, imprimante…), dessinez vos plans avant de les incorporer ou de les joindre au document. Celui-ci doit comporter au minimum les surfaces souhaitées de chaque pièce.

Avant d'indiquer des surfaces sur le plan, mesurez des surfaces existantes pour vous donner une idée de ce qu'elles représentent.

N'hésitez pas à réaliser des plans à la main avec une règle, un crayon et une gomme. À moins d'y être habitué, ne vous focalisez pas sur les outils informatiques qui vont souvent vous faire perdre du temps au détriment de la réflexion. Un plan sur papier peut être bien plus efficace.

Réalisez plusieurs versions de vos plans sans tenir compte des contraintes techniques éventuelles. Par la suite, l'architecte ou le constructeur se chargeront de calculer l'épaisseur des murs, le passage des canalisations, la place des murs porteurs, etc.

Oubliez les aspects techniques pour vous concentrer sur le fonctionnel.

N'hésitez pas à représenter avec des crayons de couleur vos déplacements les plus courants (circuits de déplacement) au sein de la maison pour prévoir intelligemment la distribution des pièces.

Présentation détaillée

Nom du constructeur	PLAN GENERAL MAISON	Nom du propriétaire

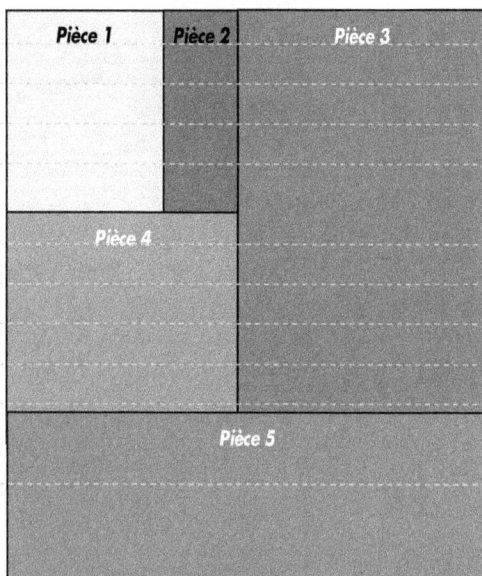

Pièce 1 : indiquez la surface de la pièce.

Le point important

Inutile de chercher à faire des plans exacts ou trop complexes ou encore de perdre votre temps avec des logiciels compliqués que vous ne maîtrisez pas entièrement. Mieux vaut dessiner de manière grossière chaque niveau de la maison et laisser ensuite les spécialistes réaliser votre plan en tenant compte des contraintes techniques.

Utilisation de ce document dans la méthode

Le plan général de la maison est utilisé dans la phase « réflexion » et créé dans la fiche n° 5 « Définir le besoin en habitation » (p. 37).

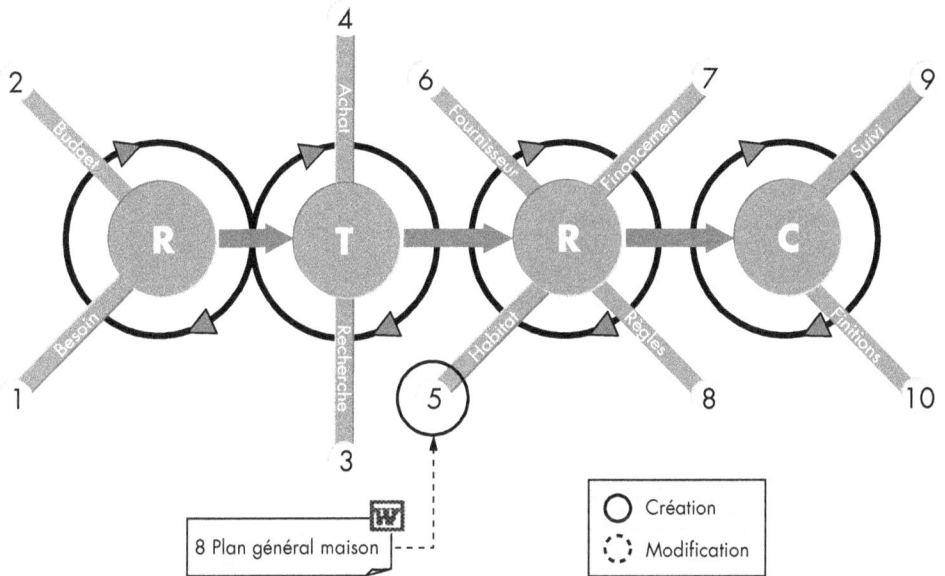

Le cahier des charges de la maison

Ce document est essentiel. Il va décrire votre mode de vie et les fonctions remplies par chaque pièce. Il vous permettra par conséquent de définir les choix ou les contraintes que vous imposerez au constructeur pour chacune des pièces.

Conseils de mise en œuvre

Établissez pour chacune des pièces, la liste des activités que vous allez y réaliser. Par exemple, cuisine : préparer les repas, prendre le petit-déjeuner, lire le journal, regarder la télé, faire des mots croisés, prendre le café avec des amis…

Si votre constructeur est un bon professionnel, il saura vous conseiller sur la distribution des pièces en tenant compte de vos différents besoins. Ce cahier des charges est très important, car il complète les plans en vous permettant d'indiquer tout ce que vous ne pouvez pas y faire figurer.

N'hésitez pas à échanger avec vos proches. Vous pourrez ainsi déterminer vos priorités, car il faudra évidemment faire des arbitrages entre ce que vous souhaitez, ce qui est réalisable techniquement, ce qui est réalisable financièrement et ce qui est cohérent avec le reste de la maison.

Au départ, partez du principe que tout est possible et que tout est réalisable. L'arbitrage se fera dans un second temps.

Listez les éléments que vous souhaitez absolument. Ils deviendront ainsi des contraintes incontournables pour le constructeur. Par exemple, chambre des parents : prévoir une petite cheminée !

Présentation détaillée

Nom du constructeur	CAHIER DES CHARGES MAISON	Nom du propriétaire

Pièce 1

A quoi va servir cette pièce :
- Xxxxxxxxxxxx
- Xxxxxxxxxxxx
- Xxxxxxxxxxxx
- Xxxxxxxxxxxx

Quels sont les choix non négociables concernant cette pièce :
- Xxxxxxxxxxxx
- Xxxxxxxxxxxx
- Xxxxxxxxxxxx

Pièce X

A quoi va servir cette pièce :
- Xxxxxxxxxxxx
- Xxxxxxxxxxxx
- Xxxxxxxxxxxx
- Xxxxxxxxxxxx

Quels sont les choix non négociables concernant cette pièce :
- Xxxxxxxxxxxx
- Xxxxxxxxxxxx
- Xxxxxxxxxxxx

> Hugues MARCHAT   9/10/04 15:59
> Commentaire [HMA1] :
> Indiquez toutes les fonctions qui vont être remplies par cette pièce.

> Hugues MARCHAT   9/10/04 16:00
> Commentaire [HMA2] :
> Indiquez quelles sont les contraintes que vous imposez au constructeur et qui ne sont pas négociables.

> Hugues MARCHAT   9/10/04 16:00
> Commentaire [HMA3] :
> Indiquez toutes les fonctions qui vont être remplies par cette pièce.

> Hugues MARCHAT   9/10/04 16:00
> Commentaire [HMA4] :
> Indiquez quelles sont les contraintes que vous imposez au constructeur et qui ne sont pas négociables.

À quoi va servir cette pièce : indiquez toutes les fonctions qui vont être remplies par cette pièce.

Quels sont les choix non négociables concernant cette pièce : indiquez les contraintes que vous imposez au constructeur et qui ne sont pas négociables.

Le point important

Appuyez-vous sur votre mode de vie actuel pour décrire l'ensemble des usages de chacune des pièces de votre future habitation. Le constructeur pourra ainsi jouer son rôle de conseil et vous proposer différentes solutions techniques. Laissez parler votre créativité !

Utilisation de ce document dans la méthode

Le cahier des charges de la maison est utilisé dans la phase « réflexion »
et créé dans la fiche n° 5 « Définir le besoin en habitation » (p. 37).

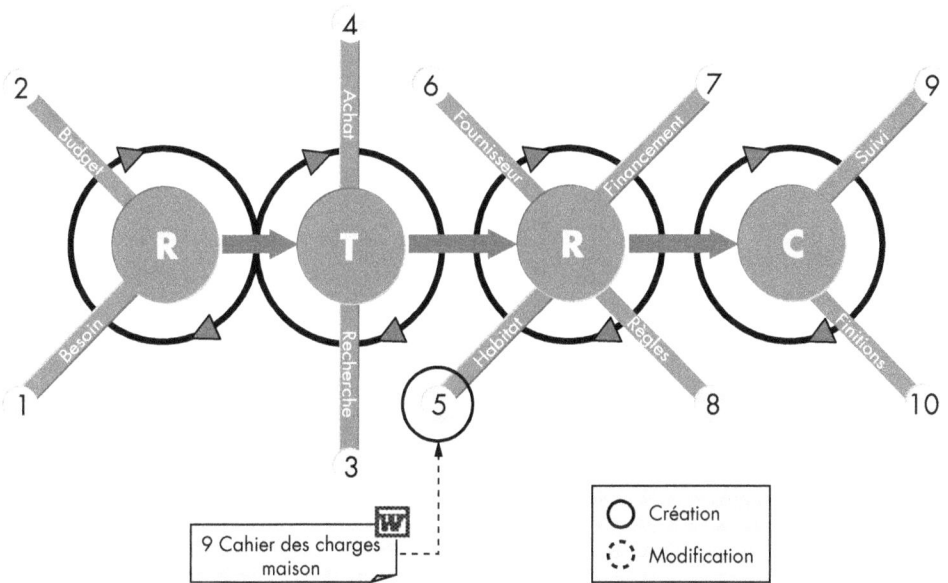

Le carnet des notes et expériences

C'est le document qui doit vous suivre partout. En fait, il devrait être créé dès le début du projet. Cependant la réflexion préalable vous permettra de l'utiliser au mieux à ce moment de la méthodologie. Il va vous servir à mémoriser tout ce que vous pouvez observer ou entendre et qui peut vous apporter des éléments de réflexion sur votre projet.

Conseils de mise en œuvre

Imprimez quelques exemplaires du document, ou mieux, recopiez les rubriques sur un petit carnet à spirale que vous pourrez avoir toujours à portée de main. Vous pouvez aussi réaliser cette prise de notes sur un ordinateur de poche (Palm pilote, etc.).

Dès que vous faites une observation, que quelqu'un vous donne une information intéressante ou que vous avez une idée, prenez des notes. N'essayez pas de tout mémoriser.

De temps en temps reprenez ces notes tranquillement et voyez le parti que vous pouvez en tirer pour votre propre projet. Par exemple, si un ami vous dit « je n'ai pas prévu assez de prises de courant dans ma salle à manger », notez-le et faites-en une action : « faire le compte de tous les appareils électriques dont je dispose, placer ces appareils dans chaque pièce et les compter, vérifier sur les plans du constructeur que les prises proposées sont assez nombreuses et au bon endroit, faire attention à mon système hi-fi qui nécessite dix prises au même endroit, etc. ».

Vous devez tout observer notamment lorsque vous allez chez des amis, mais sans devenir obsessionnel, ce qui est souvent la tendance chez ceux qui sont en période de construction.

Mise en œuvre de la méthode

Présentation détaillée

		CARNET DES NOTES ET EXPÉRIENCES		
Nom du constructeur			Nom du propriétaire	

Qui	Quand	Idées intéressantes	Idées à développer

Hugues MARCHAT 9/10/04 16:11
Commentaire :
Notez la personne ayant donné l'information

Hugues MARCHAT 9/10/04 16:12
Commentaire :
Notez la date à laquelle vous avez eu l'information

Hugues MARCHAT 9/10/04 16:13
Commentaire :
Notez quelles sont les informations qui sont susceptibles de vous intéresser pour votre projet

Hugues MARCHAT 9/10/04 16:14
Commentaire :
Indiquez les réflexions idées qui vous viennent à la suite des informations recueillies

Qui : notez le nom de la personne qui vous a donné l'information.

Quand : notez la date à laquelle vous avez eu cette information.

Idées intéressantes : notez les informations qui sont susceptibles de vous intéresser pour votre projet.

Idées à développer : indiquez les réflexions et les idées qui vous viennent à la suite des informations recueillies.

Le point important

Prenez note de tous les conseils et de toutes les expériences vécues par les autres. Soyez à l'écoute en permanence et écrivez tout, on ne sait jamais ce qui peut servir ensuite !

Utilisation de ce document dans la méthode

Le carnet de notes et d'expériences est utilisé dans la phase « réflexion » et créé dans la fiche n° 5 « Définir le besoin en habitation » (p. 37).

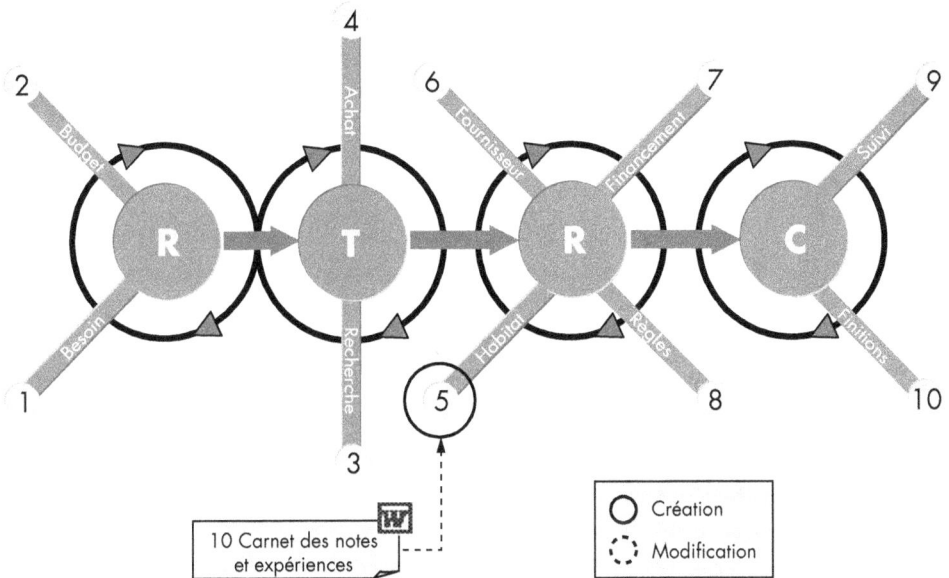

La matrice de choix du constructeur

Ce document est essentiel, car il va vous permettre de faire un choix, avec le plus d'objectivité possible, entre les différents constructeurs qui vous ont fait des offres.

Conseils de mise en œuvre

Ne vous focalisez pas uniquement sur des critères techniques. En effet, de nombreux autres points doivent rentrer en ligne de compte : proximité géographique, capacité d'adaptation à vos besoins, qualité de la relation avec le chef de chantier potentiel, solidité financière de la structure (pour autant qu'elle soit évaluable), réputation, niveau de sous-traitance (le constructeur utilise-t-il beaucoup d'artisans en sous-traitance ?), etc.

Comptez sur votre intuition. Si vous ne vous sentez pas à l'aise avec votre interlocuteur, inutile de travailler avec lui. La relation de confiance est importante.

Ne vous laissez pas obnubiler par le critère financier. Réduisez éventuellement vos ambitions pour travailler avec quelqu'un de fiable mais plus cher. Sur quels critères ? Entreprises certifiées ? Ne croyez pas aux remises importantes, elles ne sont jamais gratuites !

Utilisez les mêmes règles pour remplir le tableau que pour la « matrice de choix du terrain » (p. 97).

Rencontrez éventuellement plusieurs fois certains constructeurs avant de les juger de manière arbitraire. Demandez des explications et échangez avec vos différents interlocuteurs ; ne vous contentez pas uniquement de l'agent commercial.

Présentation détaillée

Liste constructeurs	Critère 1	Poids critère 1	Critère 2	Poids critère 2	Critère 3	Poids critère 3	Critère 4	Poids critère 4	Critère 5	Poids critère 5	Critère 6	Poids critère 6	TOTAL
Constructeur 1	1	2											2
Constructeur 2	1	2											2
Constructeur 3	1	2											2
Constructeur 4	1	2											2
Constructeur 5	1	2											2
Constructeur 6	1	2											2
Constructeur 7	1	2											2
Constructeur 8	1	2											2
Constructeur 9	1	2											2
Constructeur 10	1	2											2

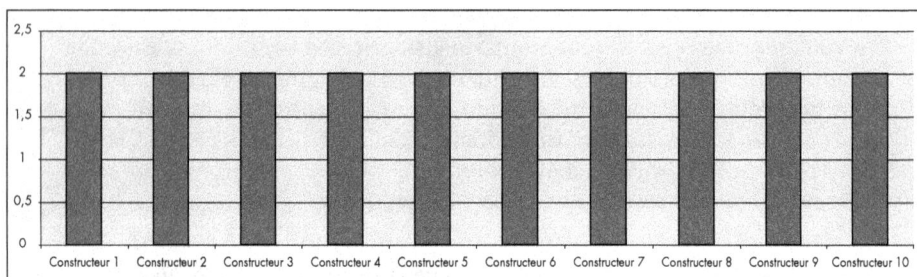

Liste constructeurs : indiquez les différents constructeurs parmi lesquels vous souhaitez faire un choix.

Critère 1 : indiquez le type de critères qui intervient dans votre choix et effectuez une cotation de 0 à 2.

Poids critère : Indiquez le poids du critère précédent. Valeur entre 1 et 3.

Le point important

Faites attention aux critères : éventuellement réalisez plusieurs matrices et surtout faites ce travail avec votre conjoint afin qu'il puisse ajouter ses propres critères et vous donner sa propre pondération. La collaboration avec le constructeur est un vrai « mariage » !

Utilisation de ce document dans la méthode

La matrice de choix du constructeur est utilisée dans la phase « réflexion » et créée dans la fiche n° 6 « Choisir un constructeur/entrepreneur » (p. 43).

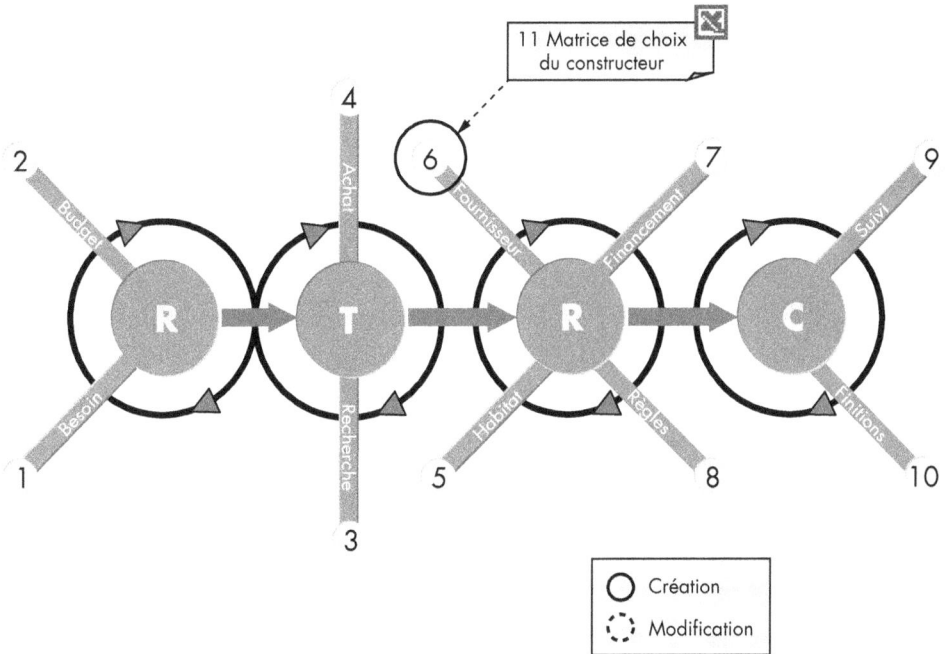

Le planning détaillé de la maison

Ce document doit être le fruit d'un travail conjoint avec le constructeur. Il consiste à consolider les tâches qui vous incombent ou que vous pilotez, avec les tâches qui sont confiées au constructeur.

Conseils de mise en œuvre

Partez du découpage que vous donne le constructeur en matière de planification. Ce découpage peut être celui du contrat de construction avec les différentes étapes, du type mises hors d'eau et hors d'air, etc. ou un découpage qui vous a été fourni par votre constructeur du type réalisation des fondations, montage des murs, installation de la charpente.

Dessinez les différentes étapes du constructeur sans trop les détailler, car elles ne sont pas de votre responsabilité.

Définissez en détail les tâches que vous réalisez vous-même, (la peinture par exemple), et incluez-les dans le planning général en les coordonnant avec les tâches qui relèvent de la responsabilité du constructeur.

Définissez en détail les tâches qui vont être réalisées par d'autres intervenants (cuisiniste, décorateur pour les papiers peints, installateur de cheminées par exemple) mais qui ne sont pas sous la responsabilité du constructeur et incluez-les dans le planning en les coordonnant avec le reste.

N'hésitez pas à planifier aussi les tâches qui vont intervenir après la fin des travaux, par exemple le déménagement : cela vous permettra d'avoir une vue projective du planning.

Prenez des marges de manœuvre, en pensant aux dérapages éventuels du constructeur et des autres intervenants. La seule chose que vous maîtriserez vraiment, ce sont les tâches que vous allez réaliser vous-même.

Faites un planning « catastrophe » : cela donne une idée de ce qui pourrait arriver et arrive parfois… dans 50 % des cas !

Présentation détaillée

Étapes-Tâches	Début	Fin	Durée	An 1 M01	M02	M03	M04	M05	M06	M07	M08	M09	M10	M11
Étape 1														
Tâche 1														
Tâche 2														
Tâche 3														
Étape 2														
Tâche 1														
Tâche 2														
Tâche 3														
Étape 3														
Tâche 1														
Tâche 2														
Tâche 3														
Étape 4														
Tâche 1														
Tâche 2														
Tâche 3														

	Remarques
Étape 1	
Tâche 1	
Tâche 2	
Tâche 3	
Étape 2	
Tâche 1	
Tâche 2	
Tâche 3	
Étape 3	
Tâche 1	
Tâche 2	
Tâche 3	
Étape 4	
Tâche 1	
Tâche 2	
Tâche 3	

Étapes-tâches : indiquez le nom de la tâche ou de l'étape du projet : ce peut être aussi un jalon ou une date marquante.

Début : indiquez la date de début de la tâche.

Fin : indiquez la date de fin de la tâche.

Durée : calculez la durée de la tâche.

An 1 : indiquez l'année concernée.

M01 : indiquez le mois concerné.

Le point important

Utilisez le même type de découpage dans votre planning que celui qu'utilise le constructeur dans le sien. Certains jalons vont déclencher des paiements et il est préférable d'être en phase avec ces points importants afin de les anticiper financièrement !

Utilisation de ce document dans la méthode

Le planning détaillé de la maison est utilisé dans la phase « réflexion » et construction et créé dans la fiche n° 7 « Financer l'habitation » (p. 49).

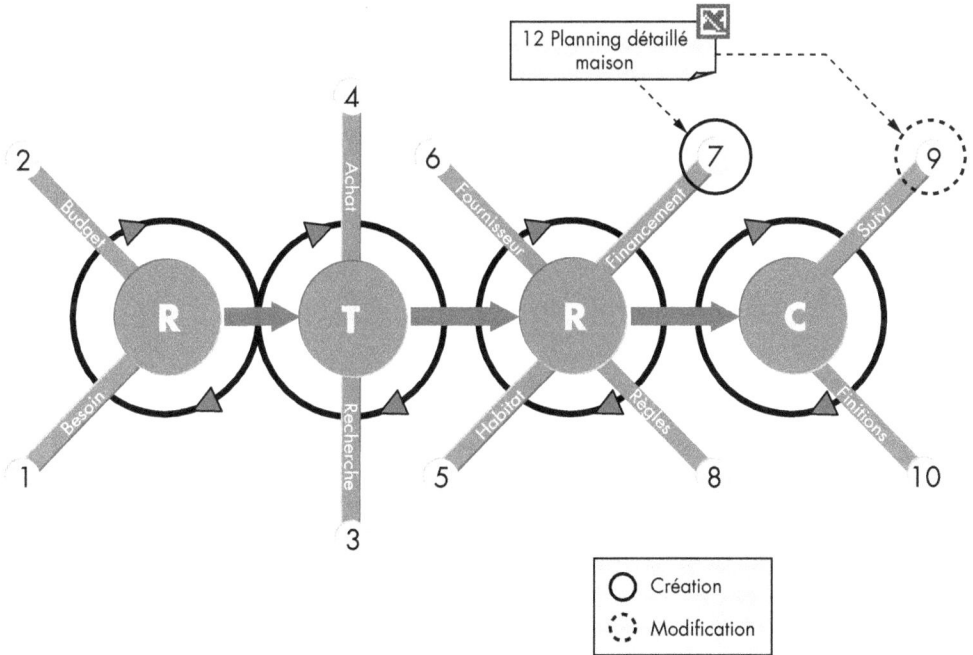

12 Planning détaillé maison

○ Création

◌ Modification

Le budget détaillé de la maison

Ce document permettra de prévoir toutes les dépenses liées à la réalisation du projet. Il va inclure les dépenses liées directement à la construction mais également toutes les dépenses connexes.

Conseils de mise en œuvre

Établissez une liste de tous les postes budgétaires liés à votre projet : achat de prestations complémentaires (cuisiniste, cheminée, décoration extérieure, décoration intérieure…), achat d'ameublement, déménagement, appareils ménagers, appareils de loisirs (télé, sono…), aménagement des extérieurs, construction de garage et/ou d'abri de jardin, réalisation d'une terrasse, d'une piscine, aménagement des allées, etc.

Décomposez chaque poste budgétaire en détail afin de valider toutes les dépenses. Si votre projet est une résidence secondaire il faudra peut-être l'équiper en matériel de cuisine : il faut donc faire une liste exhaustive (cuillères, fourchettes, couteaux, verres, casseroles…) afin de bien mesurer l'ampleur des dépenses.

Hiérarchisez les dépenses, entre ce qui est indispensable au fonctionnement de la maison et ce qui est superflu. Faites des arbitrages par rapport à votre budget prévisionnel. Il n'est peut-être pas urgent d'équiper la maison d'une télévision mais de basculer ce budget vers la réalisation de la peinture du garage afin que la façade ne se dégrade pas.

Inscrivez les dépenses dans le planning, cela vous permettra de mettre en phase les entrées d'argent et les sorties et ainsi de vérifier votre plan de trésorerie.

N'hésitez pas à prévoir une marge de manœuvre d'environ 20 % y compris sur les dépenses annexes, surtout si vous n'avez pas une approche détaillée de certains postes.

Là aussi, faites un scénario catastrophe.

Présentation détaillée

Etape 1		Etape 2		Etape 3		Etape 4	
Type de coût	Montant	Type de coût	Montant	Type de coût	Montant	Type de coût	Montant
	10,00 €		10,00 €		10,00 €		10,00 €
TOTAL	10,00 €	TOTAL	10,00 €	TOTAL	10,00 €	TOTAL	10,00 €

- Etape 1
- Etape 2
- Etape 3
- Etape 4

TOTAL
40,00 €

Étape 1 : indiquez le nom de l'étape.

Montant : indiquez le type de coût que vous allez évaluer.

Type de coût : indiquez le montant de la dépense.

Le point important

Chiffrez tout en détail, même les dépenses qui ne sont pas liées à la construction elle-même par exemple achats des meubles que vous n'avez pas, ou de la literie, mais ce peut être le renouvellement d'une partie de l'électroménager. Partez d'une feuille blanche et imaginez que vous n'avez rien et qu'il vous faut tout acheter ; cela vous permettra de ne rien oublier !

Utilisation de ce document dans la méthode

Le budget détaillé de la maison est utilisé dans la phase « réflexion » et construction et créé dans la fiche n° 7 « Financer l'habitation » (p. 49).

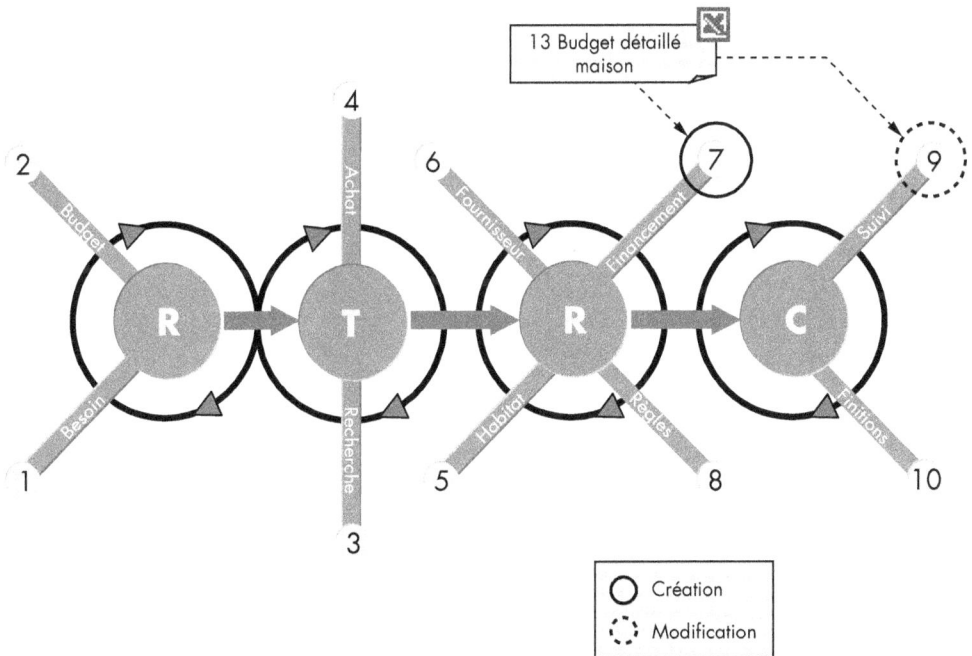

La fiche des règles et procédures

Ce document va permettre de fixer les règles de fonctionnement entre le constructeur et vous. Il permet de clarifier les rôles afin que personne n'empiète sur le territoire de l'autre.

Conseils de mise en œuvre

La mise en place de ces règles est certainement une des phases les plus compliquées, car le constructeur risque de le prendre pour de l'ingérence. L'idéal est donc d'établir ce document en collaboration avec lui et de s'appuyer sur ses propres règles de fonctionnement.

Les contraintes ne doivent pas aller toujours dans le même sens. Vous aussi, vous devez collaborer et vous plier à un certain nombre de demandes : par exemple ne pas intervenir directement auprès d'un artisan sous-traitant du constructeur sans lui avoir demandé l'autorisation.

N'hésitez pas à prendre en charge certaines choses : par exemple, si vous décidez de faire un compte rendu à l'issue des réunions de chantier, vous pouvez proposer au constructeur de les rédiger vous-même, vous aurez ainsi l'assurance que cela sera fait.

N'hésitez pas à communiquer sur les règles de fonctionnement auprès de tous les intervenants du chantier. L'idéal est de présenter par oral le fonctionnement et ensuite de remettre le document écrit. Par exemple toute réunion de chantier donnera lieu à un compte rendu qui sera communiqué à l'ensemble des intervenants sur la construction.

Soyez souple dans votre manière de communiquer. Ne braquez jamais personne.

La signature du document n'est pas obligatoire (et elle est difficile à obtenir). Elle le devient si le document sert de contrat ou s'il est annexé à un contrat.

Présentation détaillée

Nom du constructeur	FICHE DES RÈGLES ET PROCÉDURES	Nom du propriétaire

Règles concernant les réunions de chantier	Xxxxxxxx	**Conseils** 9/10/04 10:43 **Commentaire :** Indiquez toutes les règles que vous souhaitez voir respecter pour l'organisation des réunions.
Règles concernant les documents à remettre par le constructeur	Xxxxxxxx	**Conseils** 9/10/04 10:45 **Commentaire :** Indiquez toutes les règles que vous souhaitez voir respecter pour l'élaboration et la remise des documents produits par le constructeur.
Procédures de prise de décision entre le constructeur et le propriétaire	Xxxxxxxx	**Conseils** 9/10/04 10:45 **Commentaire :** Indiquez toutes les procédures que vous souhaitez mettre en place lors d'un choix technique ou fonctionnel.
Liste des acteurs concernés par l'application de ces règles	Xxxxxxxx	**Conseils** 9/10/04 10:46 **Commentaire :** Indiquez toutes les personnes qui doivent rentrer dans ce cadre organisationnel.
Signatures	Xxxxxxxx	**Conseils** 9/10/04 10:46 **Commentaire :** Faites signer tous ceux qui doivent avoir connaissance de ce document.

Règles concernant les réunions de chantier : indiquez toutes les règles que vous souhaitez voir respecter pour l'organisation des réunions.

Règles concernant les documents à remettre par le constructeur : indiquez toutes les règles que vous souhaitez voir respecter pour l'élaboration et la remise des documents produits par le constructeur.

Procédures de prise de décision entre le constructeur et le propriétaire : indiquez toutes les procédures que vous souhaitez mettre en place lors d'un choix technique ou fonctionnel.

Liste des acteurs concernés par l'application de ces règles : indiquez toutes les personnes qui doivent rentrer dans ce cadre organisationnel.

Signatures : faites signer tous ceux qui doivent avoir connaissance de ce document.

Le point important

Être clair dès le départ est essentiel. C'est vous le client. Ne laissez personne prendre les décisions à votre place.

Utilisation de ce document dans la méthode

La fiche des règles et procédures est utilisée dans la phase « réflexion » et créée dans la fiche n° 8 « Définir les règles avec le constructeur » (p. 55).

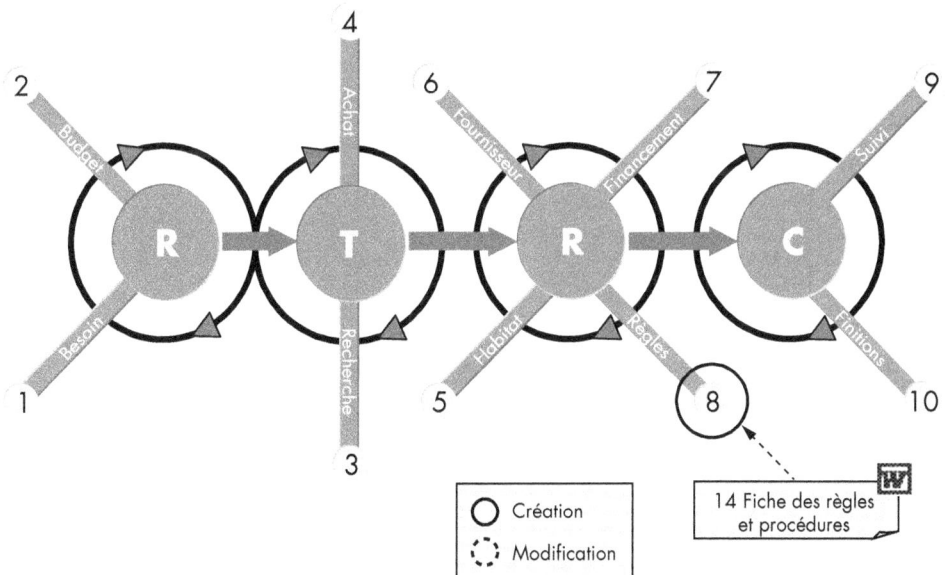

La fiche de suivi du chantier

Ce document vous permettra d'effectuer votre propre suivi et d'y consigner vos remarques et vos demandes à chacune de vos visites sur le chantier. C'est un document qui peut être transmis par écrit ou par oral au constructeur. Il peut éventuellement servir de compte rendu à la fin d'une réunion de chantier.

Conseils de mise en œuvre

Faites des visites régulières (au moins hebdomadaires) et consignez systématiquement vos remarques, vos observations ou vos questions.

N'oubliez pas de communiquer les éléments au destinataire après avoir réalisé l'observation.

Attention à ne pas déranger vos interlocuteurs trop souvent (sauf bien sûr en cas d'urgence), il semble qu'un point hebdomadaire suffise. N'oubliez pas qu'ils ont généralement plusieurs projets en même temps.

Pensez à toujours leur faciliter la tâche : faites-leur des « mémos ou des petites notes courtes et synthétiques ».

Formulez vos remarques de manière positive, posez des questions avant de faire des remarques même si vous êtes mécontent. Privilégiez toujours l'efficacité et l'ouverture.

Tenez vos engagements en termes de délais. Vous pourrez ainsi exiger des autres qu'ils respectent les règles du jeu.

Soyez très vigilant pendant la phase de finition, car c'est la partie « où tout se voit ». Par exemple soyez intransigeants sur les finitions des raccords entre les plaques de placo, car si cela n'est pas correctement fait vous passerez beaucoup de temps à poncer avant de peindre les murs pour que cela soit esthétique. Passez souvent sur le chantier et notez tout.

Présentation détaillée

Observations	Date	Actions à mener	Qui	Communiqué le	Fait

Observations : notez tous les évènements, faits ou actions observés sur votre chantier.

Date : indiquez la date de ces observations.

Actions à mener : faites la liste de tout ce qu'il faut faire.

Qui : indiquez qui doit mener les actions à réaliser.

Communiqué le : notez la date à laquelle vous avez communiqué l'action à réaliser.

Fait : mettez une croix lorsque l'action a été réalisée.

> ### Le point important
> Passez régulièrement sur votre chantier et écrivez ce que vous observez, cela peut d'ailleurs être de simples questions !

Utilisation de ce document dans la méthode

La fiche de suivi du chantier est utilisée dans la phase « réflexion » et construction et créée dans la fiche n° 8 « Définir les règles avec le constructeur » (p. 55).

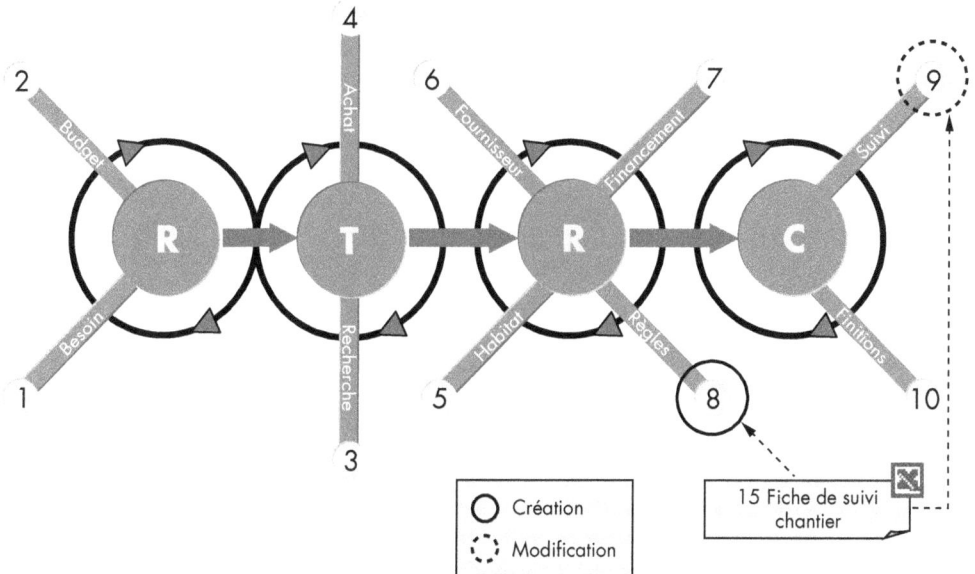

La fiche de suivi des actions personnelles

Ce document ne sera pas communiqué. Il est destiné à vous organiser vous-même et à suivre vos actions et vos démarches personnelles.

Conseils de mise en œuvre

Faites une liste détaillée de toutes les actions que vous avez menées personnellement.

Chaque action doit devenir un mini-projet. Décrivez-la en détail.

Ne vous surchargez pas, car vous allez supporter le stress de la construction ajouté à des week-ends consacrés au bricolage, qui se cumuleront avec les tâches de la vie courante. Il est donc nécessaire d'avoir un agenda personnel bien géré et de vous ménager des temps de repos.

Préparez à l'avance le travail que vous allez réaliser et faites une liste de tout ce qu'il vous faut. Si vous sollicitez de l'aide extérieure (rémunérée ou non) il faut optimiser le temps pendant lequel vos aides sont disponibles.

Rayez de votre liste les actions qui sont achevées : ce geste anodin procure une grande satisfaction et marque une avancée dans votre projet.

Conservez la liste de tout ce que vous avez fait, cela vous permettra de temps en temps de faire le point de manière plus globale.

Ne gênez pas les autres personnes qui travaillent éventuellement en même temps que vous sur le chantier.

Présentation détaillée

Actions à mener	Échéance	Personnes qui interviennent	Moyens nécessaires

Actions à mener : indiquez la liste de tout ce que vous devez réaliser personnellement.

Échéance : indiquez la date à laquelle ces actions doivent être terminées.

Personnes qui interviennent : faites la liste des personnes susceptibles de vous aider dans l'action à mener.

Moyens nécessaires : identifiez tous les moyens et ressources nécessaires à la réalisation de l'action.

Fait : faites une croix lorsque l'action a été menée à bonne fin.

Le point important

Organisez-vous soigneusement afin de travailler en harmonie avec le planning du constructeur. Ne gênez personne, on saurait vous le reprocher !

Utilisation de ce document dans la méthode

La fiche de suivi des actions personnelles est utilisée dans la phase « construction » et créée dans la fiche n° 9 « Suivre les travaux » (p. 61).

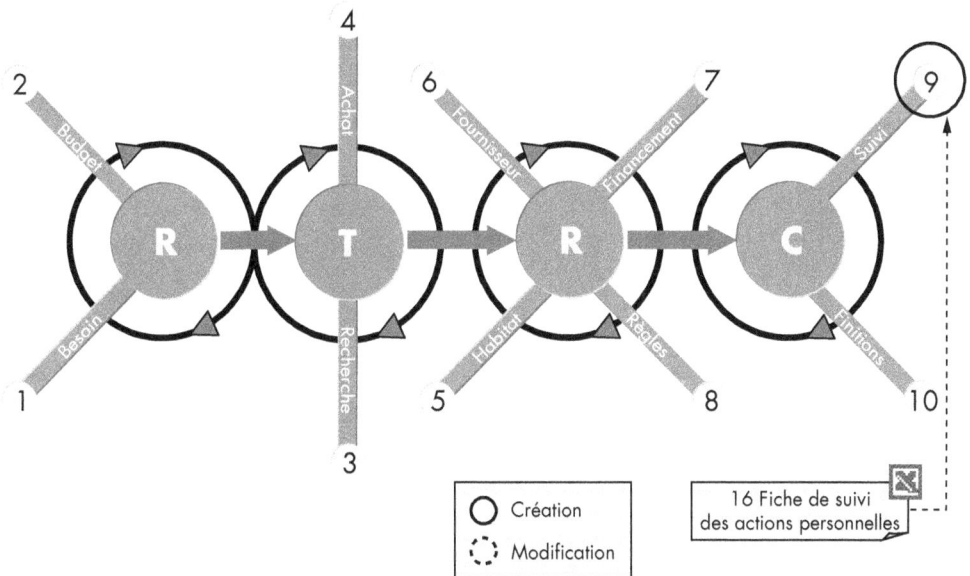

Le courrier au constructeur

Ce courrier permet de signaler les points importants au cours de l'avancée du projet et de les notifier par écrit. Il ne doit être utilisé qu'occasionnellement afin de conserver son efficacité.

Conseils de mise en œuvre

Rédigez votre courrier dans un style le plus simple possible, avec des phrases courtes et des listes de points.

Ne faites pas part de vos états d'âme, ils n'intéressent pas le constructeur. Soyez toujours factuel. Appuyez votre courrier sur des éléments concrets.

N'utilisez le courrier en recommandé avec accusé de réception qu'à bon escient, uniquement pour marquer des faits importants ou lourds de conséquence. Terminez ce genre de courrier par une phrase ouverte rappelant que vous ne cherchez pas le conflit et que vous êtes ouvert à la négociation. Prévenez éventuellement votre interlocuteur par téléphone que vous allez lui envoyer un courrier.

Si vous faites un courrier au responsable hiérarchique de votre interlocuteur habituel (par exemple votre chef de chantier), prévenez ceux qui sont concernés par ce courrier avant, faute de quoi vous vous en ferez probablement des ennemis.

N'oubliez pas qu'un courrier peut aussi être utilisé pour remercier, et que cette démarche, sans être démagogique, peut être particulièrement fructueuse dans une relation.

Présentation détaillée

Nom du constructeur	COURRIER AU CONSTRUCTEUR	Nom du propriétaire

A xxxxx

> **Hugues MARCHAT 9/10/04 11:13**
> **Commentaire :**
> Indiquez le lieu de rédaction

Le xxxxx

> **Hugues MARCHAT 9/10/04 11:14**
> **Commentaire :**
> Indiquez la date de rédaction du courrier

Recommandé AR (Ou remis en mains propres, ou courrier simple.)

> **Hugues MARCHAT 9/10/04 11:14**
> **Commentaire :**
> Indiquez le moyen de remise ou d'envoi du courrier

Madame, Monsieur,

Faisant suite à l'évènement x, je vous adresse ce courrier pour faire le point. Je vous fait part de ce que j'ai pu constater dernièremement :

 • Fait XXXXX

> **Hugues MARCHAT 9/10/04 11:15**
> **Commentaire :**
> Indiquez les constats que vous avez réalisés

 • Fait YYYYY

 • Fait ZZZZZ

En conséquence je vous demande de mener les actions suivantes :

 • Action XXXX

> **Hugues MARCHAT 9/10/04 11:16**
> **Commentaire :**
> Indiquez les actions que vous souhaitez voir menées par le construsteur ainsi que les délais dans les quels vous souhaitez les voir réaliser

 • Action YYYY

 • Action ZZZZ

En vous renouvellent ma confiance et en étant sur de votre collaboration, veuillez croire, Madame, Monsieur en l'expression de mes sentiments distingués.

Nom

> **Hugues MARCHAT 9/10/04 11:17**
> **Commentaire :**
> Signez votre courrier et éventuellement faite les signer par votre conjoint

Signature

À : indiquez le lieu depuis lequel cette lettre est rédigée.

Le : indiquez la date de rédaction du courrier.

Lettre recommandée avec AR : indiquez le moyen de remise ou d'envoi du courrier.

Fait : indiquez les constats que vous avez réalisés.

Action : indiquez les actions que vous souhaitez voir menées par le constructeur ainsi que les délais dans lesquels vous souhaitez les voir réaliser.

Signature : signez votre courrier et éventuellement faites-le signer aussi par votre conjoint.

Le point important

Ne soyez jamais agressif dans un courrier. Une bonne négociation vaut toujours mieux qu'un conflit !

Utilisation de ce document dans la méthode

Le courrier au constructeur est utilisé dans la phase « construction » et créé dans la fiche n° 9 « Suivre les travaux » (p. 61).

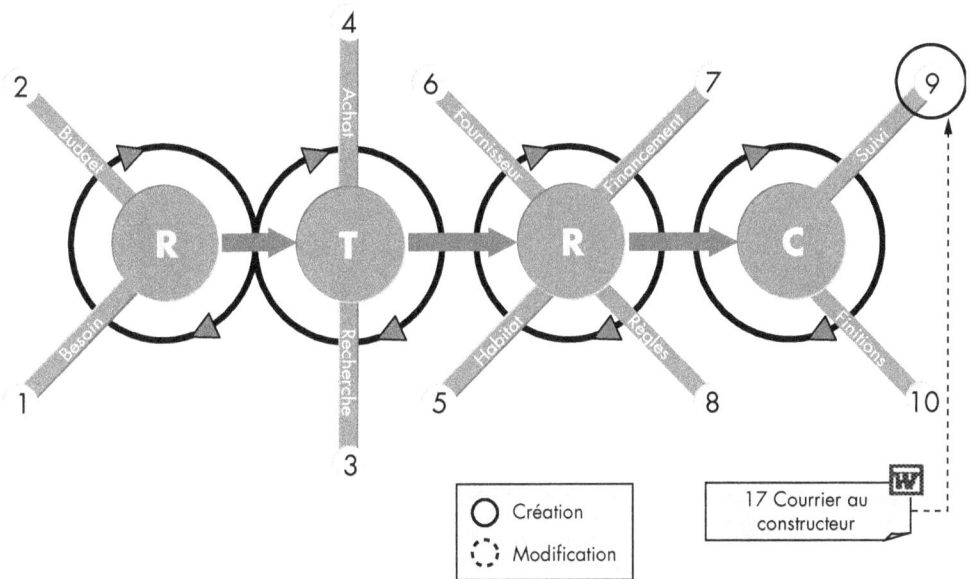

Le compte rendu de réunion

Ce document va permettre de consigner les décisions ou les orientations qui sont prises lors d'une réunion. Il peut s'agir d'un rendez-vous commercial ou d'une réunion de chantier par exemple.

Conseils de mise en œuvre

Soyez synthétique, clair et précis. Tout ce qui est écrit ne doit pas donner lieu à interprétation.

Si une décision demande des explications complémentaires, n'hésitez pas à joindre un document en annexe qui évitera de surcharger le compte rendu.

Si possible, demandez à chacun des participants, quelques jours avant la réunion, les thèmes qu'il souhaite voir abordés. Vous noterez ainsi dans la liste des thèmes les points et le temps que chacun estime nécessaire.

Ne mettez jamais de case « divers » dans les différents thèmes, c'est la porte ouverte à tous les dérapages.

Respectez les horaires : si vous n'êtes pas en situation de « travail » n'oubliez pas que la plupart des personnes que vous côtoyez le sont. Respectez leur organisation, ils respecteront la vôtre.

Prévoyez à la fin de la réunion, la date et l'heure de la prochaine réunion et consignez-le sur le compte rendu.

Le compte rendu doit être envoyé sous deux jours maximum, afin que chacun ait le temps de réaliser les tâches qui lui incombent.

Présentation détaillée

Nom du constructeur		COMPTE RENDU DE RÉUNION		Nom du propriétaire

| Date :   Type de réunion :   Participants : |
| Lieu : |
| Heure : |

Thèmes prévus	Tps prévu	Décisions prises, actions à entreprendre, dates d'échéance		Acteurs

| Prochaine réunion :   Thèmes à aborder : |
| Date/Lieu/Heure : |

Conseils 9/10/04 11:23
Commentaire :
Indiquez la date de la réunion.

Conseils 9/10/04 11:23
Commentaire :
Indiquez le type de réunion.

Conseils 9/10/04 11:23
Commentaire :
Listez l'ensemble des participants à la réunion.

Conseils 9/10/04 11:23
Commentaire :
Indiquez le lieu de la réunion.

Conseils 9/10/04 11:24
Commentaire :
Indiquez l'heure de la réunion.

Conseils 9/10/04 11:24
Commentaire :
Faites la liste des thèmes à aborder pendant la réunion.

Conseils 9/10/04 11:27
Commentaire :
Indiquez le temps prévu et nécessaire en cours de réunion pour aborder chaque thème.

Conseils 9/10/04 11:28
Commentaire :
Faites la liste des décisions, actoions à entreprendre et échéances de ces décisions qui ont été notifiées au cours de la réunion.

Conseils 9/10/04 11:27
Commentaire :
Donnez la liste des personnes qui vont mettre en œuvre les actions décidées.

Conseils 9/10/04 11:25
Commentaire :
Indiquez le type de la prochaine réunion.

Conseils 9/10/04 11:25
Commentaire :
Faites la liste des thèmes à aborder pendant la prochaine réunion.

Conseils 9/10/04 18:55
Commentaire :
Indiquez la date le lieu et l'heure de la prochaine réunion.

Date : indiquez la date de la réunion. **Type de réunion :** indiquez le type de réunion. **Participants :** listez l'ensemble des participants à la réunion.

Lieu : indiquez le lieu de la réunion. **Heure :** indiquez l'heure de la réunion.

Thèmes prévus : faites la liste des thèmes à aborder pendant la réunion.

Temps prévu : indiquez le temps prévu et nécessaire en cours de réunion pour aborder chaque thème. **Décisions prises :** faites la liste des décisions, actions à entreprendre et échéances de ces décisions qui ont été notifiées au cours de la réunion. **Acteurs :** donnez la liste des personnes qui vont mettre en œuvre les actions décidées. **Prochaine réunion :** indiquez le type de la prochaine réunion.

Thèmes à aborder : faites la liste des thèmes à aborder pendant la prochaine réunion. **Date/Lieu/Heure :** indiquez la date le lieu et l'heure de la prochaine réunion.

Le point important

N'attendez pas pour rédigez le compte rendu ni pour l'envoyer : fonctionnez en temps réel !

Utilisation de ce document dans la méthode

Le compte rendu de réunion est utilisé dans la phase « construction » et créé dans la fiche n° 9 « Suivre les travaux » (p. 61).

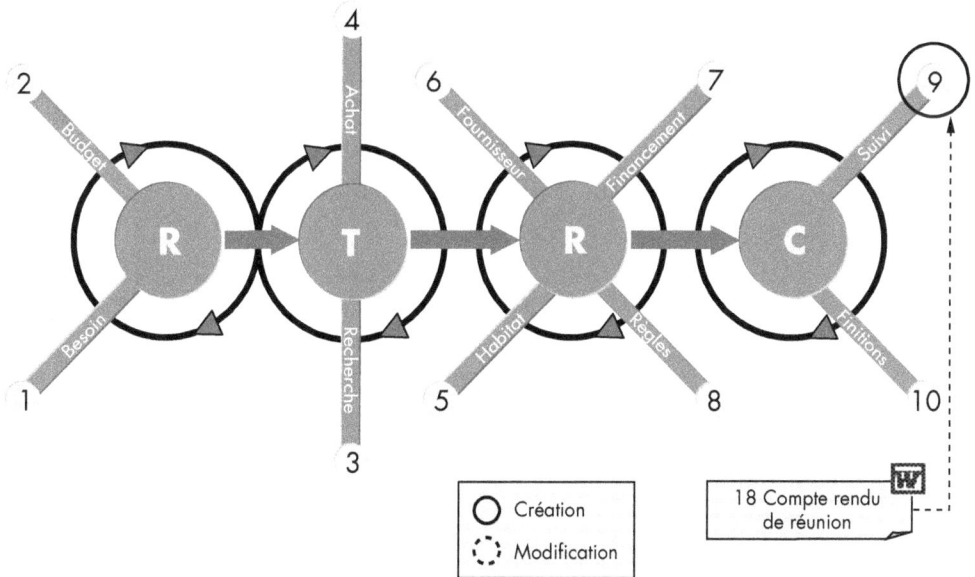

Le suivi des finitions

Ce document va vous permettre de suivre le chantier jusqu'à son achèvement. Financièrement et moralement il est très important d'aller jusqu'au bout des travaux, car un travail inachevé qu'on a payé est difficile à accepter, c'est un échec.

Conseils de mise en œuvre

Cette liste sert à préciser tous les points qui auraient dû être réglés en cours de chantier et qui ne l'ont pas été. Par exemple : une prise de courant défaillante, un bouton de porte manquant, un petit trou dans une cloison à reboucher etc.

Suivez de très près cette liste en la mettant à chacun de vos passages sur le chantier.

Communiquez régulièrement cette liste à votre chef de chantier, et devenez plus insistant au fur et à mesure que la fin du chantier approche (à partir du dernier mois).

Il se peut que la remise des clés se fasse avant l'achèvement complet de ces détails. Recopiez alors la liste de ce qu'il reste à faire dans le procès-verbal (PV) de fin de chantier et pratiquez une retenue financière (légalement 5 %) jusqu'à la réalisation de ces travaux.

Ne payez pas complètement avant l'achèvement total : c'est votre seul moyen de pression en cas de conflit.

Sachez que les finitions coûtent très cher (à cause du coût de la main-d'œuvre), et que chacun essaiera d'échapper aux petites retouches qui l'obligent à revenir, alors qu'il est déjà sur un autre chantier.

Présentation détaillée

Liste du reste à faire	Échéance	Quoi doit faire	Niveau d'importance	Fait

TRES IMPORTANT	
IMPORTANT	
MINEUR	

Liste des finitions : indiquez toutes les tâches à terminer.

Échéance : indiquez la date à laquelle l'action doit être terminée au plus tard.

Qui doit faire : faites la liste des personnes qui doivent réaliser ces actions.

Niveau d'importance : indiquez le niveau d'importance des finitions en utilisant un code couleur.

Fait : faites une croix lorsque l'action a été menée correctement.

Le point important

Ne lâchez rien, allez jusqu'au bout, faites réaliser ce que l'on vous doit, soyez ferme et juste !

Utilisation de ce document dans la méthode

Le suivi des finitions est utilisé dans la phase « construction » et créé dans la fiche n° 10 « Suivre les finitions » (p. 67).

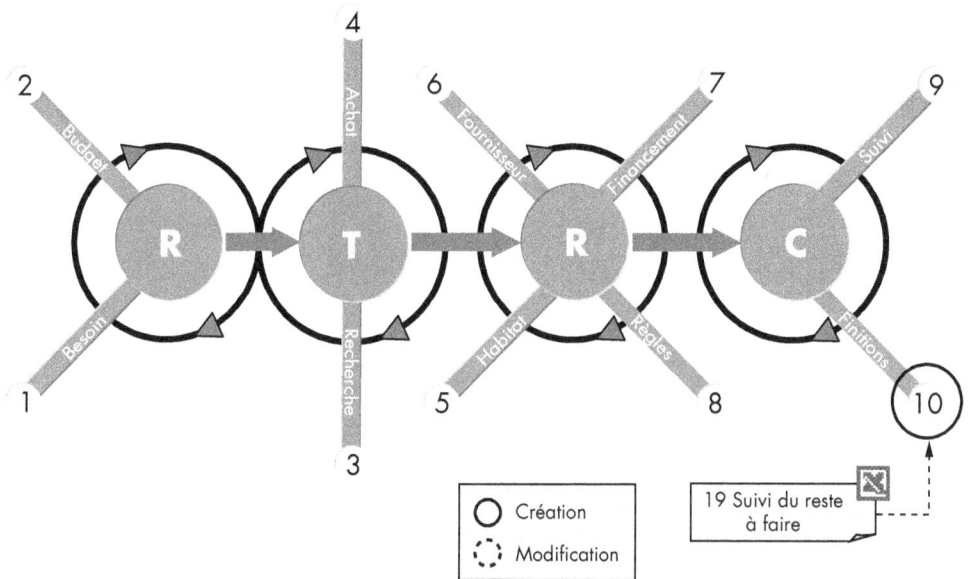

Le bilan du projet

Ultime document du système, il n'est certes pas essentiel pour vous dans la mesure où tout est terminé. Cependant, il peut aider vos proches dans leur propre projet et vous permet de prendre du recul.

Conseils de mise en œuvre

Ne réalisez ce bilan que si tout est complètement terminé.

Si votre projet devait être suspendu en cours de réalisation pour plusieurs mois, n'hésitez pas à utiliser cette grille comme bilan intermédiaire.

Prenez le temps de vous isoler et de remplir l'ensemble du tableau au calme.

Ne négligez pas les points positifs du projet, les raisons pour lesquelles cela a bien marché.

Communiquez ce bilan à ceux qui ont participé activement au projet : cela peut leur être utile d'avoir votre approche.

Profitez-en pour remercier ceux qui vous ont aidé dans le projet, et si l'aide a été exceptionnelle, invitez-les à déjeuner.

Il peut être sympathique de faire un petit cadeau à votre chef de chantier. Sans démagogie, n'oubliez pas que vous pouvez avoir besoin du constructeur pour assurer quelques problèmes de maintenance. Il est donc toujours bon de maintenir un bon niveau de relation.

N'oubliez pas de pendre la crémaillère avec votre famille et de leur faire un bilan positif du projet ! Et prenez des vacances…

Présentation détaillée

Nom du constructeur		BILAN DU PROJET			Nom du propriétaire
		Éléments analysés	Causes	Ce qu'il aurait fallu faire	
Organisation de la construction	Ce qui a bien marché **+**				
	Ce qu'il faudrait améliorer **-**				
Réalisation de la construction	Ce qui a bien marché **+**				
	Ce qu'il faudrait améliorer **-**				

Conseils 9/10/04 19:53
Commentaire :
Utilisez tous les évènements qui vont être analysés.

Conseils 9/10/04 11:55
Commentaire :
Listez toutes les causes des réussites et des dysfonctionnements.

Hugues MARCHAT 9/10/04 19:55
Commentaire :
Définissez tout ce qui aurait pu être mis en œuvre pour améliorer les choses.

Éléments analysés : listez tous les évènements qui vont être analysés.

Causes : listez toutes les causes de réussites et de dysfonctionnements.

Ce qu'il aurait fallu faire : définissez tout ce qui aurait pu être mis en œuvre pour améliorer les choses.

Le point important

Prendre du recul permet de relativiser les choses et de s'améliorer. Si ce bilan ne vous sert pas à vous il peut servir à vos proches, prenez le temps de le réaliser !

Utilisation de ce document dans la méthode

Le bilan du projet est utilisé dans la phase « construction » et créé dans
la fiche n° 10 « Suivre les finitions » (p. 67).

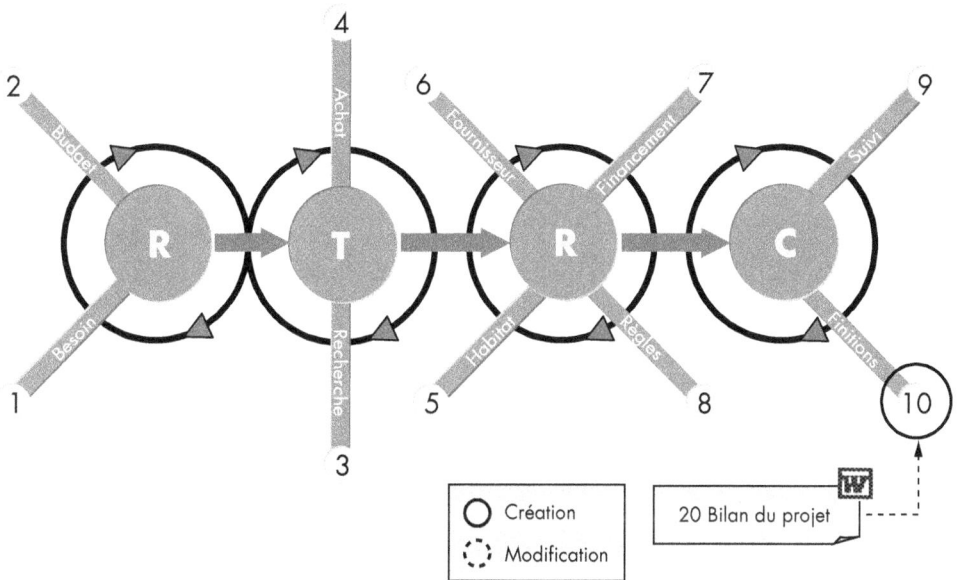

Check-list des questions essentielles

Mode d'emploi

Vous trouverez dans ce chapitre une check-list de questions qui vont vous permettre de dérouler rapidement et efficacement l'ensemble de la méthode.

Ces questions couvrent l'ensemble des dix étapes méthodologiques. On considérera que chaque étape est validée à partir du moment où vous pourrez répondre « oui » à l'ensemble des questions qui sont en rapport avec cette étape.

Les questions sont présentées sous forme de tableau. Vous avez donc la possibilité de faire une copie du tableau afin de cocher les questions en fonction de l'avancement du projet. Vous pouvez également utiliser un tableur (Excel, etc.), afin de suivre l'avancement méthodologique du projet.

Les questions peuvent être pondérées pour permettre un avancement personnalisé en fonction du projet.

Les questions sont réparties en quatre volets :

— Les questions incontournables qui doivent absolument être validées afin de ne prendre aucun risque au cours du projet.

— Les questions importantes qui assurent un maximum de sécurité au projet.

— Les questions complémentaires qui peuvent être activées en fonction du projet que vous menez.

— Vos propres questions qui correspondent à votre mode de fonctionnement ou qui renvoient aux particularités de votre projet.

Ce qui est important

Le principe d'une check-list est de passer en revue de manière exhaustive l'ensemble des questions afin de ne rien oublier. À vous ensuite de décider si vous mettez en œuvre les actions que réclament la réponse à une question. La question n'est pas une contrainte mais un rappel des principales actions à accomplir.

1. Définir le besoin général

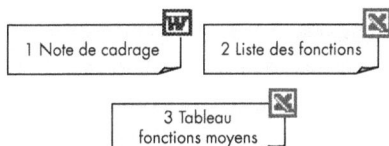

```
┌─────────────────────┐   ┌─────────────────────┐
│ 1 Note de cadrage   │   │ 2 Liste des fonctions│
└─────────────────────┘   └─────────────────────┘
         ┌─────────────────────┐
         │   3 Tableau         │
         │ fonctions moyens    │
         └─────────────────────┘
```

Questions essentielles	Ok	Importance	Total
L'utilisation principale de votre future maison est-elle définie ?			
La date de fin de votre projet est-elle fixée ?			
Les principales fonctions de votre maison sont-elles définies ?			
Toute la famille (au moins votre conjoint) est-elle d'accord sur les objectifs ?			
Avez-vous listé toutes les contraintes liées à votre projet ?			
Questions importantes	**Ok**	**Importance**	**Total**
Avez-vous échangé avec ceux qui ont déjà mené un projet similaire ?			
Avez-vous listé en détail toutes les fonctions remplies par chacune des pièces de votre maison ?			
Avez-vous formulé par écrit vos objectifs ?			
Pour chaque fonction, avez-vous établi une liste de solutions possibles ?			
Avez-vous défini vos principaux modes de fonctionnement ?			

Questions complémentaires	Ok	Importance	Total
Avez-vous classé les fonctions et les solutions par ordre d'importance ?			
Avez-vous été créatif sur les solutions envisagées ?			
Avez-vous effectué suffisamment de visites pour récupérer des idées de solutions ?			
Avez-vous fait l'acquisition d'un petit carnet pour noter toutes les idées que vous avez ?			
Avez-vous fait une liste des avantages et des inconvénients des différentes maisons que vous avez visitées ?			
Vos questions	**Ok**	**Importance**	**Total**
		Total	

2. Calculer le budget total

4 Planning général   5 Budget général

Questions essentielles	Ok	Importance	Total
Avez-vous listé les grandes étapes de votre projet de manière exhaustive ?			
Avez-vous inscrit des dates de début et de fin en face de chacune des étapes ?			
Avez-vous évalué le budget nécessaire à la réalisation de chacune des étapes ?			
Avez-vous calculé le budget total pour l'ensemble de votre projet ?			
Avez-vous calculé et planifié les entrées d'argent prévues pour financer votre projet ?			
Questions importantes	**Ok**	**Importance**	**Total**
Avez-vous fait la liste des contraintes budgétaires et temporelles de votre projet ?			
Avez-vous comparé vos contraintes budgétaires et temporelles avec le planning et le budget établis ?			
Avez-vous marqué les contraintes temporelles dans votre planning sous forme de jalons ?			
Vos postes budgétaires sont-ils suffisamment exhaustifs ?			
Avez-vous prévu une marge d'erreur sur le planning et sur le budget ?			

Questions complémentaires	Ok	Importance	Total
Avez-vous pris en compte dans votre planning les différents délais administratifs ?			
Avez-vous effectué des arbitrages entre les postes budgétaires ?			
Avez-vous bâti différents scénarios ?			
Avez-vous pensé aux coûts liés aux prêts-relais éventuels ?			
Avez-vous chiffré tous les coûts liés aux prestataires institutionnels ?			
Vos questions	**Ok**	**Importance**	**Total**
		Total	

3. Chercher le terrain

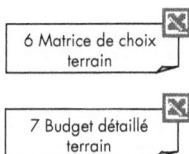

6 Matrice de choix
terrain

7 Budget détaillé
terrain

Questions essentielles	Ok	Importance	Total
Avez-vous correctement pris en compte l'environnement des différents terrains visités ?			
Vous êtes-vous renseigné sur les évolutions prévues dans l'environnement du terrain ?			
Avez-vous consulté le plan d'occupation des sols ?			
Avez-vous fait la liste des servitudes et des contraintes ?			
Avez-vous chiffré tous les coûts liés au terrain ?			
Questions importantes	Ok	Importance	Total
Avez-vous imaginé et dessiné l'emplacement de la maison sur les terrains qui vous intéressent ?			
Avez-vous listé en détail les coûts liés à la viabilisation du terrain ?			
Avez-vous fait la liste des activités que vous souhaitez réaliser sur votre terrain ?			
Avez-vous prévu sur votre terrain l'emplacement des annexes ?			
Avez-vous exploité toutes les voies possibles pour trouver un terrain à acquérir (notaire, amis, journaux locaux…) ?			

Questions complémentaires	Ok	Importance	Total
Avez-vous visité les terrains à différents moments de la journée ?			
Vous êtes-vous promené aux abords des terrains que vous avez visités ?			
Notez-vous toutes les remarques que vous vous faites en visitant chaque terrain ?			
Avez-vous défini des critères objectifs pour faire votre choix entre plusieurs terrains ?			
Avez-vous listé tous les coûts liés à la mise en forme du terrain ?			
Vos questions	**Ok**	**Importance**	**Total**
		Total	

4. Financer
et acheter le terrain

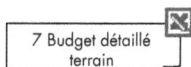

7 Budget détaillé
terrain

Questions essentielles	Ok	Importance	Total
Avez-vous fait la liste des entrées financières possibles pour payer votre terrain ?			
Avez-vous comparé correctement toutes les sources de financement possible ?			
Le calendrier de financement du terrain est-il compatible avec une construction ?			
Avez-vous vérifié tous les éléments contractuels liés au terrain ?			
Avez-vous validé toutes les informations avant de signer chez le notaire ?			
Questions importantes	Ok	Importance	Total
Avez-vous bâti des scénarios de financement différents ?			
Avez-vous vérifié tous les coûts liés aux emprunts (assurances, garanties…) ?			
Avez-vous vérifié les prestations des assurances rattachées aux prêts ?			
Avez-vous pris votre propre notaire, différent de celui du vendeur ?			
Avez-vous préparé et organisé toutes les tâches qui vont être nécessaires entre l'achat effectif du terrain et le début de la construction ?			

Questions complémentaires	Ok	Importance	Total
Avez-vous dessiné l'implantation future de la végétation ?			
Avez-vous pris contact avec vos futurs voisins pour vous présenter ?			
Avez-vous déclenché, après l'achat effectif, les opérations nécessaires à la viabilisation du terrain ?			
Avez-vous ouvert un dossier qui va contenir tous les éléments relatifs à votre terrain ?			
Avez-vous classé tous les documents concernant votre terrain ?			
Vos questions	Ok	Importance	Total
		Total	

5. Définir le besoin en habitation

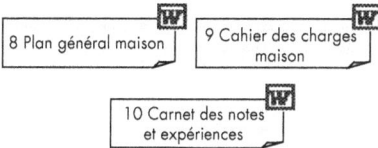

8 Plan général maison	9 Cahier des charges maison

10 Carnet des notes et expériences

Questions essentielles	Ok	Importance	Total
Avez-vous dessiné de manière grossière l'implantation des pièces dans la maison ?			
Avez-vous calculé la surface nécessaire de chaque pièce ?			
Avez-vous défini les fonctions que doit remplir chaque pièce et les activités que vous allez y mener ?			
Notez-vous au fur et à mesure toutes les idées qui vous viennent ou toutes les observations que vous faites dans d'autres maisons ?			
Avez-vous fait la liste des contraintes techniques ou des choix techniques que vous allez imposer au constructeur ?			
Questions importantes	Ok	Importance	Total
Avez-vous détaillé l'ensemble des fonctions prévues pour chaque pièce, en vous appuyant sur votre mode de vie habituel ou futur ?			
Avez-vous fait une liste « très ouverte » des solutions techniques possibles pour remplir les fonctions ?			
Avez-vous interrogé suffisamment de personnes de votre entourage pour récupérer des idées ?			
Consultez-vous régulièrement votre petit carnet de notes ?			
Avez-vous orienté votre plan en fonction du nord et du sud ?			

Questions complémentaires	Ok	Importance	Total
Avez-vous indiqué sur le plan l'implantation de la végétation ?			
Avez-vous indiqué sur le plan les emplacements des meubles ?			
Avez-vous fait des arbitrages entre les solutions techniques, en privilégiant celles qui sont incontournables pour vous ?			
Avez-vous chiffré les coûts de maintenance des équipements spécifiques ou optionnels que vous allez faire mettre en place ?			
Avez-vous fait les plans détaillés des annexes de votre maison ?			
Vos questions	**Ok**	**Importance**	**Total**
		Total	

6. Choisir le constructeur entrepreneur

11 Matrice de choix
du constructeur

Questions essentielles	Ok	Importance	Total
Avez-vous complété tous les documents qui vont constituer votre cahier des charges ?			
Avez-vous transmis ce cahier des charges à tous les constructeurs qui vous intéressent ?			
Avez-vous laissé le temps aux différents constructeurs de vous faire un devis et des suggestions ?			
Avez-vous étudié soigneusement toutes les offres de tous les constructeurs ?			
Avez-vous effectué un tableau comparatif des offres tenant compte des éléments financiers mais aussi de tous les autres critères de choix ?			
Questions importantes	Ok	Importance	Total
Votre cahier des charges est-il bien présenté et exploitable ?			
Vous êtes-vous déplacé pour rencontrer chacun des constructeurs ?			
Avez-vous pris le temps de discuter avec chacun de vos interlocuteurs et notamment les chefs de chantier potentiels ?			
Avez-vous réajusté les offres de façon à ce que toutes soient comparables ?			
Avez-vous tenu compte du critère humain dans l'élaboration de votre choix ?			

Questions complémentaires	Ok	Importance	Total
Êtes-vous sûr que tout est validé (notamment votre montage financier) avant de signer ?			
Avez-vous fait un mot de remerciement à ceux que vous n'avez pas choisi mais qui ont travaillé sur votre dossier ?			
Avez-vous adressé un courrier au constructeur choisi ?			
Avez-vous vérifié tous les termes du contrat proposé ?			
Avez-vous validé toutes les garanties associées au contrat ?			
Vos questions	**Ok**	**Importance**	**Total**
		Total	

7. Financer l'habitation

12 Planning détaillé maison	13 Budget détaillé maison

Questions essentielles	Ok	Importance	Total
Avez-vous détaillé toutes les tâches de votre planning ?			
Avez-vous détaillé tous les postes budgétaires ?			
Avez-vous mis en parallèle les dépenses et les entrées d'argent dans votre planning ?			
Avez-vous construit votre plan de trésorerie ?			
Avez-vous négocié suffisamment vos financements ?			
Questions importantes	**Ok**	**Importance**	**Total**
Avez-vous fait la liste exhaustive de toutes les dépenses à partir de l'achat du terrain ?			
Avez-vous jalonné votre planning avec les dates importantes ?			
Avez-vous prévu la date de votre déménagement ?			
Avez-vous fait faire suffisamment de devis sur les postes qui ne vont pas être pris en charge par le constructeur ?			
Avez-vous mis en parallèle votre contrat de construction avec les échéances de votre prêt ?			

Questions complémentaires	Ok	Importance	Total
Avez-vous consulté suffisamment de banques et d'organismes financiers ?			
Avez-vous pris en compte tous les frais associés à votre prêt pour calculer son coût total ?			
Avez-vous fait un tableau comparatif des offres des organismes financiers ?			
Avez-vous analysé les contrats d'assurance associés à votre prêt ?			
Avez-vous pensé à élaborer différents scénarios de financement ?			
Vos questions	Ok	Importance	Total
		Total	

8. Définir les règles avec le constructeur

14 Fiche des règles et procédures

15 Fiche de suivi chantier

Questions essentielles	Ok	Importance	Total
Avez-vous fait une première réunion de concertation avec le constructeur ?			
Avez-vous fait la liste des modes de fonctionnement à partir de ce que le constructeur vous propose ?			
Avez-vous fait une réunion avec votre chef de chantier ?			
Avez-vous formalisé les règles de fonctionnement dans un document ?			
Avez-vous communiqué les règles de fonctionnement à tous les partenaires qui vont travailler sur votre maison ?			
Questions importantes	**Ok**	**Importance**	**Total**
Avez-vous formalisé vos souhaits en fonction de vos contraintes de fonctionnement personnelles et professionnelles ?			
Avez-vous pris en compte l'éloignement géographique ?			
Avez-vous chiffré vos frais de déplacement ?			
Avez-vous ajusté votre planning avec l'organisation proposée par le chef de chantier ?			
Avez-vous pris votre temps pour bien appréhender le fonctionnement du chef de chantier ?			

Questions complémentaires	Ok	Importance	Total
Avez-vous rappelé vos consignes concernant les heures de rendez-vous ?			
Avez-vous demandé la validation de votre document à tous les partenaires avant de le diffuser ?			
N'avez-vous pas programmé trop de réunions ?			
Les fonds nécessaires à la signature sont-ils libérés ?			
Avez-vous déjeuné avec votre chef de chantier ?			
Vos questions	**Ok**	**Importance**	**Total**
		Total	

9. Suivre les travaux

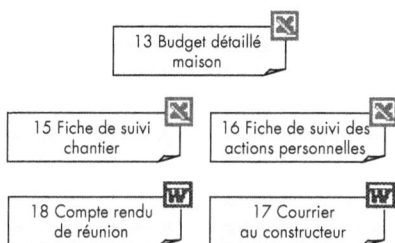

```
┌─────────────────────┐
│ 13 Budget détaillé  [X]
│       maison        │
└─────────────────────┘

┌──────────────────┐  ┌──────────────────────┐
│ 15 Fiche de suivi [X]  16 Fiche de suivi des [X]
│     chantier     │  │  actions personnelles │
└──────────────────┘  └──────────────────────┘

┌──────────────────┐  ┌──────────────────────┐
│ 18 Compte rendu  [W]    17 Courrier        [W]
│   de réunion     │  │   au constructeur     │
└──────────────────┘  └──────────────────────┘
```

Questions essentielles	Ok	Importance	Total
Avez-vous préparé chaque réunion ?			
Notez-vous tout ce qui a été décidé pendant les réunions ?			
Prenez-vous des notes lors de vos visites sur le chantier ?			
Suivez-vous correctement votre dossier en l'ordonnançant au fur et à mesure ?			
Mettez-vous à jour votre budget en fonction des dépenses réellement engagées ?			
Questions importantes	**Ok**	**Importance**	**Total**
Mettez-vous à jour votre planning en fonction des délais réellement pris ?			
Arrivez-vous à chaque réunion en ayant anticipé, visité votre chantier, et organisé votre rendez-vous ?			
Arrivez-vous toujours à l'heure ?			
Utilisez-vous toujours « la voie hiérarchique » qu'est le chef de chantier pour faire passer vos remarques ?			
Définissez-vous des stratégies de « repli » si vous constatez que le budget dérape ?			

Questions complémentaires	Ok	Importance	Total
Avez-vous des stratégies de repli si vous constatez que le planning dérape ?			
Vos comptes rendus de réunion sont-ils suffisamment synthétiques ?			
Mettez-vous à jour régulièrement votre dossier en classant et en suivant tous les documents générés par le projet ?			
Communiquez-vous les modifications décidées à votre conjoint et votre famille ?			
Consacrez-vous suffisamment de temps au suivi de votre projet (1 jour par semaine en moyenne sur toute la durée) ?			
Vos questions	Ok	Importance	Total
		Total	

10. Suivre les finitions

19 Suivi du reste à faire

20 Bilan du projet

Questions essentielles	Ok	Importance	Total
Faites-vous régulièrement le point sur ce qu'il reste à faire ?			
Consignez-vous ce qu'il reste à faire dans un document mis à jour très régulièrement ?			
Les actions que vous menez vous-même sont-elles suffisamment coordonnées avec celles du constructeur ?			
Les travaux que vous réalisez vous-même sont-ils réalisés à temps et suivis ?			
Avez-vous augmenté le nombre de vos visites pendant la phase de finitions ?			
Questions importantes	**Ok**	**Importance**	**Total**
Avez-vous fait la liste de toutes les imperfections ?			
Êtes-vous suffisamment présent pour surveiller que chaque artisan que vous pilotez termine son travail ?			
Avez-vous l'autorisation écrite d'effectuer certains travaux sur le chantier avant que la construction soit terminée ?			
Organisez-vous suffisamment en amont tous les travaux que vous effectuez vous-même ou avec de l'aide ?			
Avez-vous gardé une réserve financière sur ce que vous devez au constructeur si tous les travaux ne sont pas terminés ?			

Questions complémentaires	Ok	Importance	Total
Avez-vous émis des réserves s'il y a lieu avant de signer le PV de remise des clés ?			
Avez-vous fait un bilan de votre projet ?			
Avez-vous offert un petit cadeau de remerciement à votre chef de chantier ?			
Avez-vous fêté l'évènement avec vos proches ?			
Avez-vous remercié les différents artisans ?			
Vos questions	**Ok**	**Importance**	**Total**
		Total	

Conclusion

L'objectif de cette conclusion est de vous apporter quelques conseils complémentaires aussi bien en ce qui concerne les choix « techniques » que dans la gestion des différents documents du dossier.

Concernant l'utilisation de la méthode

Adaptez la méthodologie

La méthodologie proposée est assez simple et sa compréhension ne pose pas de problèmes majeurs. N'hésitez pas à l'adapter en fonction du type de projet que vous menez, et des acteurs qui y participent.

Exemples

– Mettez plus particulièrement l'accent sur certaines étapes de la méthode.
– Modifiez et adaptez au besoin certains documents.
– Supprimez certains documents.
– Ajoutez vos propres documents.
– Assouplissez la mise en œuvre de certains points méthodologiques.

C'est cette adaptation qui fera la réussite de votre construction. Par exemple, les choses seront totalement différentes si vous travaillez avec un constructeur qui va s'occuper de la totalité de vos travaux ou si vous pilotez vous-même les artisans.

La méthode a été conçue pour un projet piloté par un constructeur, mais elle peut très bien s'adapter à des situations différentes.

Faites preuve de bon sens

Aucune méthode ne remplace le bon sens. Dans la conduite de votre projet, la gestion des relations humaines est primordiale.

Quelques règles en la matière :

– Soyez à l'écoute et laissez parler les autres.

– Observez les messages non verbaux (attitudes, comportements…).

– Négociez en proposant toujours une solution satisfaisante pour les deux parties.

– Évitez si possible les conflits, ce sont des échecs.

– Soyez clair à l'oral aussi bien qu'à l'écrit.

– Soyez synthétique, allez droit au but.

– Centrez-vous sur vos objectifs, ce sont eux qui vous permettront de faire de bons arbitrages et de bonnes négociations.

Conseils pratiques généraux

Voici quelques réflexions techniques qui reprennent le plan de la maison pièce par pièce.

L'entrée

Lieu de passage, c'est aussi un lieu de stockage. Prévoyez un endroit suffisamment vaste pour ranger les manteaux et les chaussures. Par exemple, vous pouvez demander au constructeur de réaliser un renfoncement dans un mur que vous n'aurez plus qu'à boucher avec un rideau ou avec une porte.

Les portes d'entrées sécurisées sont extrêmement chères. Inutile d'investir de ce côté si par ailleurs la porte de votre sellier est parfaitement ordinaire et qu'il est possible de l'ouvrir avec n'importe quel pied-de-biche. Si vous sécurisez, il faut tout sécuriser. Il est donc préférable de mettre en place une alarme (reliée ou non à un centre de surveillance avec abonnement mensuel) que de sécuriser toute la maison (vitrages anti-effraction, volets, portes avec serrures haut de gamme...). L'addition peut se monter à plusieurs dizaines de milliers d'euros alors que l'installation d'une alarme et d'un abonnement ne coûte que quelques centaines d'euros.

Il peut être intéressant d'avoir, à côté de la porte d'entrée, un vitrage fixe permettant de voir qui arrive. Ce vitrage peut aussi améliorer l'esthétique.

Pensez également à prévoir un auvent qui servira d'abri extérieur au-dessus de la porte d'entrée.

Les toilettes

L'aération est importante. Prévoyez par exemple une fenêtre oscillo-battante.

Pensez également à en faire un lieu de rangement, notamment en utilisant l'espace au-dessus de la cuvette.

Le lavabo ne doit pas être trop petit, et si vous avez des enfants, ne le faites pas poser trop haut.

La salle de bains

La qualité de la robinetterie doit être optimale. Vous n'êtes pas obligé de choisir le matériel que vous propose le constructeur. Vous pouvez dès le départ décider d'apporter un type particulier de robinetterie et de le faire poser par l'artisan qui en est responsable. On trouve à des prix remisés des robinets haut de gamme chez des grossistes spécialisés.

Pour prévenir les soucis de fuite sur la baignoire, vérifiez que la trappe de visite est accessible et suffisamment grande.

La douche doit être pratique, grande et facile à nettoyer. Vous pouvez demander la réalisation d'une douche sans bac, de type intégrale avec un carrelage en pente vers le conduit d'évacuation au sol.

Faites poser le carrelage mural jusqu'au plafond afin d'éviter les projections d'eau sur les murs.

Vérifiez que les cloisons de plâtre utilisées sont bien des cloisons spéciales pour salle de bains : elles sont mieux protégées de l'humidité.

Prévoyez des radiateurs spéciaux qui permettent de sécher les serviettes et de chauffer la salle de bains en même temps.

Si vous habitez au bord de la mer il peut être intéressant d'avoir une salle de bains avec une porte donnant sur l'extérieur en plus de l'accès intérieur. En rentrant de la plage, vous pourrez ainsi directement aller prendre une douche.

Le salon

Prévoyez un grand nombre de prises de courant, notamment dans les coins où sont prévus la télévision, le lecteur de DVD, les ordinateurs, etc. N'hésitez pas à faire doubler le nombre de prises par rapport à ce que propose le constructeur pour une installation standard.

Si vous faites sonoriser la maison, fournissez les câbles audio à votre électricien ; il vous installera les gaines dans les murs ce qui vous évitera d'avoir des fils partout sur le sol. Prévoyez également les gaines nécessaires aux câbles de la télévision, de l'antenne ou de la parabole, car l'intervention a posteriori d'un électricien est coûteuse et entraîne des travaux.

Si votre budget vous le permet, n'hésitez pas à « déplafonner » le salon pour gagner ainsi du volume en hauteur. Le déplafonnement consiste à mettre en évidence la charpente qui devient un élément de décoration.

La cheminée est aussi un élément de décoration et de confort. Si vous n'avez pas les moyens de la réaliser tout de suite, prévoyez-la cependant dans la conception de votre maison (en faisant installer une sortie dans le toit par le constructeur).

La salle à manger

Elle doit être pratique à nettoyer, et suffisamment proche de la cuisine pour que la personne qui est aux fourneaux puisse suivre les conversations.

Prévoyez des rangements pour la vaisselle à proximité de la table. La tendance actuelle est d'intégrer les rangements soit directement dans les cloisons, soit grâce à un système de « cuisine intégrée ». Certes, les éléments sont ainsi beaucoup plus fonctionnels, mais leur implantation dans la maison est également définitive.

Les chambres

Si vous les choisissez petites (moins de 10 m^2), vous dégagez de l'espace pour d'autres pièces. Si vous préférez de grandes chambres (plus de 10 m^2), vous en faites des lieux de rangement, de jeux et de vie pour les enfants. Une grande chambre pour les adultes est aussi un lieu de convivialité, de repli et d'intimité.

Prévoyez des cloisons dans les chambres pour y intégrer de futurs dressings. Si les cloisons sont bien positionnées il ne vous restera plus que les portes et les éléments intérieurs à poser. Il est bien moins coûteux de réaliser une cloison de type placo lors de la construction de la maison que de faire poser plus tard des éléments en bois.

Le sellier

Ne négligez pas cette pièce : elle permet de ranger tout ce que vous ne voulez pas laisser aux yeux de tout le monde.

Elle est souvent encombrée par le ballon d'eau chaude, le compteur et autres éléments techniques. Vérifiez qu'il va vous rester de la place lorsque tout sera installé.

Prévoyez des cloisons pour aménager des placards. Lorsque vous revenez des courses, il est pratique de pouvoir entrer dans le sellier pour tout y entreposer.

Les fenêtres et radiateurs prennent de la place et ne sont pas forcément nécessaires dans cette pièce.

La cuisine

C'est la pièce la plus technique, donc la plus difficile à concevoir. Appuyez-vous sur le cahier des charges et sur votre mode de vie. Vous allez y passer beaucoup de temps et y accomplir des tâches répétitives qui nécessitent de l'ergonomie et une répartition fonctionnelle des éléments.

Si vous faites réaliser votre cuisine par un cuisiniste, considérez cette installation comme un projet à part entière dans votre construction. Assurez-vous de la coordination entre le constructeur et le cuisiniste (dates de réalisation, emplacement et type des prises de courant, type de cloisons…).

Vérifiez que le cuisiniste pose lui-même (avec ses propres salariés) la cuisine. S'il sous-traite, c'est un facteur de risques, car le sous-traitant travaillant au forfait a tout intérêt à réaliser l'installation le plus rapidement possible.

Attention aux prestataires : demandez à voir plusieurs installations et interrogez les clients, ne vous contentez pas des modèles standards qui sont présentés en vitrine ou dans les magasins.

Relisez soigneusement le contrat que vous allez signer avec le cuisiniste. N'acceptez pas de payer 95 % à la livraison. Négociez au moins 30 % de solde à la fin de l'installation, afin de conserver une marge financière suffisante pour faire pression si nécessaire.

Achetez de préférence vos appareils par le cuisiniste. Il sera plus enclin à réaliser une intégration parfaite, et surtout vous aurez un interlocuteur unique pour la maintenance (vérifiez que ce soit le cas). Testez tous les appareils soigneusement avant de payer.

Adaptez la hauteur des plans de travail et la hauteur des meubles en fonction de votre taille, cela vous évitera de vous cogner ou/et d'avoir mal au dos.

Une cuisine doit être simple à nettoyer. Attention aux couleurs facilement salissantes ou aux plans de travail compliqués.

Les annexes

Le garage est souvent proposé dans une construction. Il peut être conçu comme une pièce à aménager, et doit parfaitement s'intégrer avec la maison.

Si vous le réalisez a posteriori, vous devrez déposer un permis de construire. Il est judicieux de déposer les plans en même temps que ceux de la maison, même si la réalisation doit être faite plus tard.

Les abris de jardin font également l'objet d'une autorisation, délivrée par les services techniques de la mairie, et leur positionnement sur votre terrain est sujet à réglementation. Faites les choses dans les règles, pour prévenir tout conflit avec vos voisins.

Ces annexes peuvent servir de rangements intermédiaires en attendant que l'intérieur de la maison soit réalisé. Songez que l'intégration des budgets nécessaires à leur réalisation dans un prêt de quinze à vingt ans sera plus facile à supporter financièrement qu'un apport de trésorerie sans prêt.

La gestion du dossier administratif

Le rangement

Vous allez être rapidement surchargé de documents. Il est nécessaire de les classer au fur et à mesure.

Dès le début du projet, achetez des chemises et des sous-chemises et indiquez au feutre sur chaque chemise le nom du dossier.

À l'intérieur du dossier, classez tous les documents par ordre chronologique.

Ayez une chemise spéciale pour les points en attente de règlement.

Pour un même dossier, les rubriques des chemises et des sous-chemises peuvent être, par exemple :

➤ Recherches terrains
   Terrain choisi

– Documents du terrain choisi

– Éléments administratifs

– Éléments financiers

➤ Recherches constructeurs

– Documentation constructeur

– Devis

– Plans

➤ Contrats constructeur choisi

– Contrat de construction

– Assurances

– Contrats complémentaires

➤ Contrats autres prestataires

– Contrats

– Devis

– Conditions d'intervention

➤ Suivi de la construction

– Plannings

– Budgets

– Suivi des règlements

– Réunions de chantier

– Courrier constructeur

– Suivi du reste à faire

➤ Documentations diverses

– Catalogues

– Documentations techniques

Utilisez le même type de classement pour vos documents informatiques, et utilisez le système de version (V1, V2…) lorsque vos documents évoluent.

Prévoyez un endroit particulier pour l'archivage de vos documents.

Achetez une sacoche dans laquelle vous mettrez les documents, et que vous emporterez à tous vos rendez-vous. Vous aurez ainsi tous les éléments sous la main et vous pourrez réagir en temps réel.

Le suivi de la maison après la construction

Un échéancier et un budget

Un minimum de maintenance est nécessaire pour que votre maison garde sa valeur et n'engendre pas de gros travaux faute d'entretien.

Faites la liste avec le constructeur de tout ce qui nécessite de la maintenance : fosse septique, ramonage de la cheminée, nettoyage et maintenance de la chaudière, ravalement des façades…

Indiquez dans cette liste la périodicité de ces interventions, renseignez-vous sur les coûts et incluez-les dans un budget annuel prévisionnel. Il est possible d'anticiper, par exemple en ouvrant un compte en banque spécifique réservé à la maintenance de la maison, sur lequel vous effectuerez des versements mensuels.

Les garanties

Lisez correctement les clauses pour savoir ce qui est garanti et sous quelles conditions.

Ouvrez un dossier spécifique contenant toutes les conditions de garanties (constructeur et sous-traitants) avec les coordonnées des personnes ou des organismes à contacter en cas de problème.

Communiquez ces éléments à votre conjoint afin qu'il puisse agir rapidement si vous vous absentez et que le problème nécessite un traitement urgent.

Les assurances

Votre chantier doit être couvert par votre assurance dès le début de la construction.

Lors de votre entrée dans la maison, vous devez informer votre assureur afin qu'il modifie les garanties. Il est possible de communiquer à votre assurance un état des lieux détaillé de la maison et de son contenu.

Gardez précieusement toutes les factures de ce que vous achetez. L'idéal est de faire une copie de chaque facture et de les stocker ailleurs que chez vous (en cas de sinistre). Vous pouvez même agrafer à chaque facture le ticket de carte bleue et/ou la copie du chèque de règlement.

Les institutionnels

Assurez-vous que votre constructeur a fait une déclaration de fin de chantier auprès de la mairie.

Vous pouvez bénéficier d'une exonération de taxes foncières (sur certains volets seulement). Renseignez-vous auprès des impôts (cette exonération s'applique sans conditions pendant les deux ans suivant la construction d'une maison neuve).

Pensez à réaliser vos transferts : EDF-GDF, téléphone, courrier et autres prestataires de services réseaux et télécoms (ligne Internet, par exemple) pensez aussi au changement d'adresse chez les institutionnels avec lesquels vous traitez (banque, impôts, assurances, Sécurité sociale, mutuelles). Et enfin à la modification des cartes grises et au changement des plaques d'immatriculation.

Épilogue

Comme j'ai eu l'occasion de le dire en introduction, ce livre est le résultat d'une expérience personnelle qui m'a permis de mener à terme mon projet de construction.

J'ai eu la chance de pouvoir rencontrer très tôt l'un des dirigeants de la société de construction que j'avais choisie.

Je lui ai expliqué ma façon de fonctionner, mais impossible au départ d'obtenir un vrai planning. Seul le contrat de construction définissait les étapes « administratives » liées à un paiement (mises hors d'eau et hors d'air, etc.), et on m'a signifié que « dans la profession il était impossible d'établir un planning détaillé » !

Le chantier a néanmoins démarré à peu près dans les temps. Nous avions demandé un toit en grosses tuiles carrées, avec une architecture de type « maison provençale ». Le dirigeant, la commerciale, le dessinateur, le charpentier ont participé à l'élaboration des plans, et pourtant, lorsque la charpente a été terminée le chef de chantier m'a annoncé que la pente n'était pas assez forte pour poser les tuiles que nous avions choisies. Impossible de sortir de cette impasse. Le constructeur refusait de me répondre au téléphone et le chef de chantier me proposait des solutions de remplacement qui ne « tenaient la route » ni sur le plan technique, ni sur le plan fonctionnel.

Fort heureusement, le chef de chantier fut remplacé par une femme, efficace et organisée, Nous avons trouvé un compromis avec de belles ardoises semi-rustiques… certes plus chères mais dont le surcoût fut supporté par le constructeur.

Le chantier avançait correctement avec environ un mois de retard, mais je m'étais organisé pour ne pas être pressé d'emménager afin de finir correctement le projet.

La méthode fonctionnait bien, le suivi était effectué par mes soins et avec l'aide du chef de chantier, tout se passait correctement.

Au cours du dernier mois, à l'occasion d'une de mes visites sur le chantier (qui se trouvait à plus de 350 km de mon domicile) je m'aperçus avec stupeur que la fosse septique avait été posée du mauvais côté de la maison, à l'endroit où j'avais prévu de faire mon garage !

Après quelques explications techniques, il s'est avéré que le premier chef de chantier avait mal implanté le tube d'évacuation des eaux sales et que la fosse ne pouvait pas être posée à l'emplacement prévu. J'ai donc engagé des négociations avec le constructeur qui a pris à sa charge la totalité du surcoût engendré par le coulage d'une dalle de béton très épaisse au-dessus de la fosse, me permettant ainsi de réaliser mon garage.

En définitive, tout s'est bien terminé. Je ne regrette pas d'avoir tenu mon dossier à jour, d'y avoir consacré le temps nécessaire et d'avoir appliqué avec rigueur la méthode décrite dans ce livre, car finalement il fait bon vivre dans cette maison !